职业教育"十三五"系列教材

用微课学·
计算机应用基础
（Windows 7+Office 2010）
（第2版）

主　编　朱云清　黄　瑛　何宁锋

主　审　杨静锦

副主编　李梓槐　彭　楹　黄江浩

　　　　林君玲　甘　明　罗燕梅

参　编　谢文婉　陆晓东　周　培

　　　　梁慧绘　李智鹏

电子工業出版社.

Publishing House of Electronics Industry

北京·BEIJING

内 容 简 介

本书详细讲解计算机与信息技术的基础知识，将其内容分为 6 个项目，选择了 19 个典型实例任务，采用任务驱动的形式，通过任务描述、任务分析、知识准备、任务实施、拓展训练 5 个环节，完成了计算机与信息技术基础、因特网、Windows 7 操作系统，以及 Word 2010、Excel 2010、PowerPoint 2010 等项目的教学。

本书结构编排合理、案例典型实用、内容精练、图文并茂、语言通俗易懂，适合作为计算机公共基础课程及相关专业的教材，也适合作为计算机爱好者自学的参考书。

图书在版编目（CIP）数据

用微课学・计算机应用基础：Windows 7+Office 2010 / 朱云清，黄瑛，何宁锋主编. —2 版. —北京：电子工业出版社，2019.6

ISBN 978-7-121-36357-3

Ⅰ.①用⋯ Ⅱ.①朱⋯ ②黄⋯ ③何⋯ Ⅲ.①Windows 操作系统－中等专业学校－教材②办公自动化－应用软件－中等专业学校－教材 Ⅳ.①TP316.7②TP317.1

中国版本图书馆 CIP 数据核字（2019）第 070962 号

策划编辑：徐建军（xujj@phei.com.cn）
责任编辑：王凌燕
印　　刷：北京捷迅佳彩印刷有限公司
装　　订：北京捷迅佳彩印刷有限公司
出版发行：电子工业出版社
　　　　　北京市海淀区万寿路 173 信箱　邮编　100036
开　　本：787×1 092　1/16　印张：14　字数：358.4 千字
版　　次：2015 年 8 月第 1 版
　　　　　2019 年 6 月第 2 版
印　　次：2022 年 10 月第 9 次印刷
定　　价：42.80 元

前　言

随着计算机与信息技术的高速发展，计算机应用技术可以说是当今每一个人都应当掌握的一种基本技能。因此，职业教育教学为了全面提高计算机应用的整体水平，将计算机应用基础的教学作为大学生必须掌握的基本素质。目前，计算机应用基础的教材版本确实很多，但称心如意的却难找。为此，计算机应用教研室结合多年的教学经验，以身边的实际应用典型案例为任务，以"易教易学，深入浅出"为原则，全面系统地组织教学内容，从传统偏重知识的讲授转向任务驱动的自主发挥，不断提高"因学以致用而自主好学"的兴趣，从而达到有效培养学生的综合素质能力，提高教学质量的目的。

本教材具有如下特点：

1．全国计算机等级考试过级率与实际应用有机紧密结合，融会贯通，相互促进。

2．采用项目化任务驱动的教学形式。每个项目又分解为多个任务，全书共安排了 6 个项目、19 个实例任务及 13 个拓展训练，所有任务及训练的选用均以贴近学生实际学习、生活情境为原则。

3．任务教学环节循序渐进。任务包含任务描述、任务分析、知识准备、任务实施、拓展训练 5 个环节，环环相扣，其中以任务实施环节作为重点，对任务进行详细的步骤说明。

4．拓展训练与项目考核前后呼应，突出能力培养。

全文分为 6 个项目，分别是项目一计算机与信息技术基础（10 学时），介绍了计算机的发展、计算机系统组成、计算机信息处理、不同数制间的转换、指法练习等内容；项目二认识因特网（6 学时），介绍了计算机网络的组成、拓扑结构、分类、IP 地址与域名，并重点讲述了因特网的使用；项目三操作系统的使用 Windows 7（6 学时），包括系统介绍、文件管理、控制面板的使用及系统个性化的设置；项目四文档编辑与管理 Word 2010（16 学时），包括文档的基本排版、图文排版、长文档格式编排及表格的创建与编辑；项目五数据统计与分析 Excel 2010（16 学时），包括数据表录入、格式处理、函数、公式、数据分类汇总、图表、透视图与透视表等内容；项目六演示文档制作与展示 PowerPoint 2010（10 学时），包括演示文档的创建、美化与放映，各种对象的插入、动画设计、演示文档的打印与打包等内容。

本书由广西多所中职院校计算机专业负责教学的骨干教师精心组织编写而成，本书由朱云清、黄瑛、何宁锋担任主编，由李梓槐、彭楹、黄江浩、林君玲、甘明、罗燕梅担任副主编，由杨静锦主审。参加本书编写的老师还有谢文婉、陆晓东、周培、梁慧绘、李智鹏等。本书在编写过程中得到了各方面的大力支持，在此一并表示感谢。

为了方便教师教学，本书配有电子教学课件，请有此需要的教师登录华信教育资源网（www.hxedu.com.cn）注册后免费进行下载。如有问题，可在网站留言板留言或与电子工业出版社联系（E-mail：hxedu@phei.com.cn）。

由于水平有限，尽管我们在编写时竭尽全力，但书中难免会有纰漏之处，敬请各位专家与读者批评指正。

编　者

目　录

计算机与信息技术基础

项目介绍

计算机是 20 世纪最先进的科学技术发明之一，对人类的工作和生活都具有极其重要的影响。它的应用领域从最初的军事科研扩展到社会的各个领域，特别是随着现代化网络和通信技术的发展，使得计算机已成为当今社会各个行业不可或缺的办公设备，人与计算机的关系变得越来越密切。所以，掌握和使用计算机已经成为人们工作和生活中一门必不可少的技能。本项目作为后续几个项目的基础，需要全面了解和掌握。

任务安排

任务 1　认识计算机
任务 2　计算机信息处理
任务 3　计算机系统组成

学习目标

◇　了解计算机的发展过程
◇　了解计算机的特点、应用及分类等方面的知识
◇　了解和掌握计算机信息处理的相关知识
◇　了解和掌握计算机系统组成的相关知识

任务 1　认识计算机

任务描述

　　小李是一名大一的新生，学校为新生所开设的课程中有一门是《计算机应用基础》。老师说，学习这门课程首先需要了解计算机的发展过程，掌握计算机的特点、应用和分类。

任务分析

　　从第一台电子计算机诞生到现在已有 70 多年的时间，任何一名初学者首先需要了解的是计算机的发展历史，以及计算机的特点、应用和分类。

知识准备

1.1.1　计算机的发展过程

1. 第一台计算机

图 1.1　工作中的 ENIAC

　　1946 年 2 月 14 日，世界上第一台全自动电子数字计算机 ENIAC 在美国宾夕法尼亚大学诞生，如图 1.1 所示。

　　第二次世界大战期间，美国军方要求宾夕法尼亚大学莫奇来（Mauchly）博士和他的学生爱克特（Eckert）设计以电子管取代继电器的"电子化"计算机——ENIAC（Electronic Numerical Integrator and Calculator，电子数字积分器与计算器），目的是用来计算炮弹弹道。这台计算机 1946 年 2 月交付使用，共服役 9 年。它使用了 18800 只电子管，10000 只电容，7000 只电阻，占地 170 平方米，重达 30 吨，每秒可从事 5000 次的加法运算，耗电总量超过 174 千瓦/小时，由于太耗电，据传 ENIAC 每次开机，整个费城西区的电灯都为之黯然失色。虽然 ENIAC 的稳定性和可靠性都比较差，但是这个庞然大物的出现还是开创了人类科技的新纪元，也拉开了人类第 4 次科技革命（信息革命）的帷幕。

2. 计算机的发展

　　从第一台电子计算机诞生到现在已有 70 多年的时间，计算机有了飞速的发展。在人类科技史上还没有一种学科可以与电子计算机的发展速度相提并论。在计算机的发展过程中，电子元件的变更起到了决定性的作用，它是计算机更新换代的主要标志，按照计算机所采用的电子元件来划分计算机的时代，可以把计算机的发展划分为四代。

　　第一代计算机（1946—1958）：电子管计算机。这代计算机采用电子管作为基本元件，体积大，耗电多，运算速度低，存储容量小，可靠性差，主要应用于科学计算。

　　第二代计算机（1959—1964）：晶体管计算机。这代计算机采用晶体管作为基本元件，比第一代计算机的性能提高了数十倍，开始出现软件配置，一些高级程序设计语言相继问世，外围设备也由几种增加到数十种。除科学计算外，其开始了数据处理和工业控制等应用。

　　第三代计算机（1965—1971）：中、小规模集成电路计算机。这代计算机采用中、小规模集成电路作为基本元件，在一块几平方毫米的芯片上集成了几十个到几百个电子元件，使计算机的体积和耗电量显著减小，计算速度、存储容量、可靠性有较大的提高，价格进一步下降，产品走向了通用化、系列化和标准化。其应用领域开始进入文字处理和图形图像处理。

第四代计算机（1971 年至今）：大规模、超大规模集成电路计算机。这代计算机采用大规模、超大规模集成电路作为基本元件，在一块几平方毫米的芯片上集成几百个到几十万个电子元件，使得计算机体积更小，耗电更少，运算速度提高到每秒上千万次到上亿次，计算机可靠性也进一步提高。其应用领域从科学计算、事务管理、过程控制逐步走向家庭。

1.1.2　计算机的特点

计算机之所以能成为现代化信息处理的重要工具，主要是因为它具有如下一些突出特点。

1．运算速度快

目前，计算机的运算速度一般都在几百万次/秒至几亿次/秒之间，甚至更快，使大量复杂的科学计算问题得以解决。例如，卫星轨道的计算、24 小时天气预报的计算等，过去人工计算需要几年、几十年才能完成的工作，在现代社会，用计算机只需几分钟就可以完成。

2．计算精度高

计算机控制的导弹之所以能准确地击中预定的目标，与计算机的精确计算是分不开的。计算机用于数值计算可以达到千分之一到几百万分之一的精度，是其他计算工具无法相比的。

3．具有逻辑判断功能

计算机能根据判断的结果自动转向执行不同的操作或命令。

4．存储容量大

计算机内部的存储器具有记忆特性，可以存储大量的信息。这些信息，不仅包括各类数据信息，还包括加工这些数据的程序。

5．自动化程度高

由于计算机具有存储记忆能力和逻辑判断能力，所以人们可以将预先编好的程序组纳入计算机内存，在程序控制下，计算机能摆脱人的干预，自动、连续地进行各种操作。

6．通用性强

计算机能应用到各个不同的领域，进行各种不同的信息处理。

1.1.3　计算机的应用

计算机的应用几乎包括人类生活的一切领域，可以说是包罗万象，不胜枚举。据统计，计算机已应用于 8000 多个领域，并且还在不断扩大。根据计算机的应用特点可以归纳为以下几个方面。

1．科学计算

早期的计算机主要用于科学计算。目前，科学计算仍然是计算机应用的一个重要领域，如高能物理、工程设计、地震预测、气象预报、航天技术等。

2．数据处理

数据处理又称信息处理，是目前计算机应用的主要领域。信息处理是指用计算机对各种形式的数据如文字、图像、声音等收集、存储、加工、分析和传输的过程，常泛指非科学计算方面、以管理为主的所有应用。

3．过程控制

过程控制也称为实时控制，是指用计算机作为控制部件对单台设备或整个生产过程进行控制。

4．计算机辅助系统

计算机辅助系统主要包括计算机辅助设计（Computer Aided Design，CAD）、计算机辅助教学（Computer Assisted Instruction，CAI）、计算机辅助制造（Computer Assisted Manufacturing，CAM）等，用于帮助工程技术人员进行各种工程设计工作。

5．人工智能

人工智能是指用计算机来模仿人的大脑的工作方式，使计算机具有识别语言、文字、图形和进行推理、学习及适应环境的能力。

6．计算机网络

计算机网络的建立，不仅解决了一个单位、一个地区、一个国家中计算机与计算机之间的通信，各种软件、硬件资源的共享，也大大促进了国际间的文字、图像、视频和声音等各类数据的传输与处理。

7．电子商务

电子商务发展前景广阔，它能通过网络为各企业建立业务往来，具有高效率、低成本、高受益等特点。

1.1.4　计算机的分类

计算机的种类很多，可以从不同的角度对计算机进行以下分类。

1．按信息的表示方式分类

按信息的表示方式分类，计算机可分为模拟计算机、数字计算机和数字模拟混合计算机。

模拟计算机主要处理模拟信息；数字计算机主要处理数字信息；数字模拟混合计算机既可处理数字信息，也可处理模拟信息。

2．按应用范围分类

按应用范围分类，计算机可分为通用计算机和专用计算机。

通用计算机是为能解决各种问题，具有较强的通用性而设计的计算机。专用计算机是为解决一个或一类特定问题而设计的计算机。

3．按规模和处理能力分类

（1）巨型计算机。巨型计算机一般用在国防和尖端科学领域。目前，巨型计算机主要用于战略武器（如核武器和反导弹武器）的设计、空间技术、石油勘探、天气预报等领域。研制巨型计算机也是衡量一个国家经济实力和科学水平的重要标志。

（2）大、中型计算机。这类计算机具有较高的运算速度，每秒可以执行几千万条指令，而且有较大的存储空间，往往用于科学计算、数据处理等。

（3）小型计算机。这类计算机规模较小、结构简单、运行环境要求较低。一般为中小型企事业单位或某一部门所用。

（4）微型计算机。这类计算机就是个人计算机，它体积小巧轻便，广泛用于个人、公司等，是目前发展最快的领域。

（5）服务器。随着计算机网络的日益推广和普及，一种可供网络用户共享的、高性能的计算机应运而生，这就是服务器。服务器上的资源可供网络用户共享。

（6）工作站。工作站通过网络连接可以互相进行信息的传送，实现资源、信息的共享。

任务2 计算机信息处理

任务描述

经过一节课的学习，小李对计算机有了初步的认识，也产生了浓厚的兴趣。这一次，老师要求同学们了解数制的概念并能掌握各数制间的转换方法，以及数据在计算机中的表示形式。

任务分析

为了掌握计算机信息处理的相关知识，同学们需要了解数制的概念并掌握各数制间的转换方法；了解信息的存储单位及常见的信息编码。

知识准备

1.2.1 数制的概念

1．进位计数制

数制也称计数制，是指用一组固定的符号和统一的规则来表示数值的方法。按进位的原则进行计数的方法称为进位计数制。例如，在十进位计数制中，是按照"逢十进一"的原则进行计数的。

计数制由基数、基本数码（通常称为基码）和位权3个要素组成。

（1）基数：所谓基数，就是进位计数制的每位数上可能有的数码的个数。例如，十进制数每位上的数码，有"0""1""2"…"9"10个数码，所以基数为10。

（2）基码：一个数的基码就是组成该数的所有数字和字母。

（3）位权：每个数字在数中的位置称为位数，每个位数对应的值称为位权。各进位制中位权的值为基数的位数次幂。例如，十进制数2658从低位到高位的位权分别为10^0（个）、10^1（十）、10^2（百）、10^3（千）因为：

$$2658=2\times10^3+6\times10^2+5\times10^1+8\times10^0$$

2．十进制

十进制的基码是0，1，2，…，9这10个不同的数字，在进行运算时采用的是"逢十进一，借一当十"的规则。基数为10，位权是以10为底的幂。例如，十进制数426.05可以按位权表示为$(426.05)_{10}=4\times10^2+2\times10^1+6\times10^0+0\times10^{-1}+5\times10^{-2}$。

3．二进制

二进制的基码是0和1两个数字，在进行运算时采用的是"逢二进一，借一当二"的规则。基数为2，位权是以2为底的幂。例如，二进制数110001可以按位权表示为$(110001)_2=1\times2^5+1\times2^4+0\times2^3+0\times2^2+0\times2^1+1\times2^0$。

二进制数的运算规则如下：

（1）加法运算。

0+0=0	0+1=1
1+0=1	1+1=0（向高位进1）

（2）减法运算。

0－0=0	1－1=0
1－0=1	0－1=1（向高位借1）

（3）乘法运算。

$$0 \times 0=0 \qquad\qquad 1 \times 1=1$$
$$0 \times 1=1 \times 0=0$$

4．八进制

八进制的基码是 0，1，2，…，7 这 8 个数字，在进行运算时采用的是"逢八进一，借一当八"的规则，基数为 8，位权是以 8 为底的幂。例如，八进制数 107.13 可以按位权表示为 $(107.13)_8=1 \times 8^2+0 \times 8^1+7 \times 8^0+1 \times 8^{-1}+3 \times 8^{-2}$。

5．十六进制

十六进制的基码是 0，1，2，…，9 这 10 个数字和 A，B，C，D，E，F 这 6 个字母，6 个字母分别对应十进制中的 10，11，12，13，14，15，在进行运算时采用的是"逢十六进一，借一当十六"的规则，基数为 16，位权是以 16 为底的幂。例如，十六进制数 2FDE 可以按位权表示为 $(2FDE)_{16}=2 \times 16^3+15 \times 16^2+13 \times 16^1+14 \times 16^0$。

各种数制的表示方法如表 1.1 所示。

表 1.1　各种数制的表示方法

数　制	进位规则	基　数	基　码	位　权	数制标识
二进制	逢二进一	2	0，1	2^i（i 为整数）	B
八进制	逢八进一	8	0～7	8^i（i 为整数）	O
十进制	逢十进一	10	0～9	10^i（i 为整数）	D
十六进制	逢十六进一	16	0～9，A～F	16^i（i 为整数）	H

几种数制的对应关系如表 1.2 所示。

表 1.2　几种数制的对应关系

十　进　制	二　进　制	八　进　制	十　六　进　制
0	0000	0	0
1	0001	1	1
2	0010	2	2
3	0011	3	3
4	0100	4	4
5	0101	5	5
6	0110	6	6
7	0111	7	7
8	1000	10	8
9	1001	11	9
10	1010	12	A
11	1011	13	B
12	1100	14	C
13	1101	15	D
14	1110	16	E
15	1111	17	F

1.2.2　各数制间的转换

为了适应不同问题的需要，不同进制之间经常需要进行相互转换。

1. 二进制、八进制、十六进制数转换为十进制数

非十进制数转换为十进制数的方法是一样的，只需将其各位上数字与其对应位权值的乘积相加，所得之和即为对应的十进制数。

【例 1-1】 分别将二进制数$(110.101)_2$、八进制数$(16.24)_8$、十六进制数$(A10B.8)_{16}$转换为十进制数。

$$(110.101)_2 = 1 \times 2^2 + 1 \times 2^1 + 0 \times 2^0 + 1 \times 2^{-1} + 0 \times 2^{-2} + 1 \times 2^{-3} = (6.625)_{10}$$

$$(16.24)_8 = 1 \times 8^1 + 6 \times 8^0 + 2 \times 8^{-1} + 4 \times 8^{-2} = (14.3125)_{10}$$

$$(A10B.8)_{16} = 10 \times 16^3 + 1 \times 16^2 + 0 \times 16^1 + 11 \times 16^0 + 8 \times 16^{-1} = (41227.5)_{10}$$

2. 十进制数转换为二进制、八进制、十六进制数

将十进制数转换为非十进制数，只要对其整数部分采用除基数取余数的方法（余数为 0 为止），最后将所取余数按从下而上的顺序排列；而对其小数部分采用乘基数取整数的方法（每一次的乘积必须变为纯小数然后再作乘法，直到小数部分为 0 或满足要求的精度为止），最后将所取整数按从上往下的顺序排列。

【例 1-2】 将十进制数$(47.125)_{10}$转换为二进制数。

整数部分 47 除 2 取余　　　　　　　小数部分 0.125 乘 2 取整

```
2 | 47      ……余 1              0.125
2 | 23      ……余 1          ×     2
2 | 11      ……余 1              0.250    0
2 | 5       ……余 1          ×     2
2 | 2       ……余 0              0.500    0
2 | 1       ……余 1          ×     2
    0                           1.000    1
```

其中，$(47)_{10} = (101111)_2$，$(0.125)_{10} = (0.001)_2$，所以，$(47.125)_{10} = (101111.001)_2$。

【例 1-3】 将十进制数$(179.48)_{10}$转换为八进制数。

整数部分 179 除 8 取余　　　　　　　小数部分 0.48 乘 8 取整

```
8 | 179     ……余 3              0.48
8 | 22      ……余 6          ×     8
8 | 2       ……余 2              0.84     3
    0                       ×     8
                                0.72     6
                            ×     8
                                0.76     5
```

其中，$(179)_{10} = (263)_8$，$(0.48)_{10} = (0.365)_8$（近似取 3 位），所以，$(179.48)_{10} = (263.365)_8$。

【例 1-4】 将十进制数$(179.48)_{10}$转换为十六进制数。

整数部分 179 除 16 取余　　　　**小数部分 0.48 乘 16 取整**

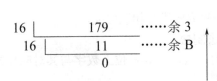

其中，$(179)_{10}=(B3)_{16}$，$(0.48)_{10}=(0.7A)_{16}$（近似取 2 位），所以，$(179.48)_{10}=(B3.7A)_{16}$。

3．二进制数和八进制数之间的转换

因为 $8=2^3$，所以需要 3 位二进制数表示 1 位八进制数。

二进制数转换成八进制数时，以小数点为中心向左右两边延伸，每 3 位一组，小数点前不足 3 位时，前面添 0 补足 3 位；小数后不足 3 位时，后面添 0 补足 3 位。然后将各组二进制数转换成八进制数。

【例 1-5】 将二进制数$(10110011.011110101)_2$ 转换为八进制数。

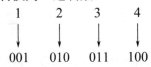

$(10110011.011110101)_2 = 010\ 110\ 011.011\ 110\ 101= (263.365)_8$。

八进制数转换成二进制数则可概括为"一位拆三位"，即把一位八进制数写成对应的 3 位二进制数，然后按顺序连接起来即可。

【例 1-6】 将八进制数$(1234)_8$ 转换为二进制数。

$$
\begin{array}{cccc}
1 & 2 & 3 & 4 \\
\downarrow & \downarrow & \downarrow & \downarrow \\
001 & 010 & 011 & 100
\end{array}
$$

$(1234)_8=001\ 010\ 011\ 100=(1010011100)_2$。

4．二进制数和十六进制数之间的转换

因为 $16=2^4$，所以需要 4 位二进制数表示 1 位十六进制数。

类似于二进制数转换成八进制数，二进制数转换成十六进制数时也是以小数点为中心向左右两边延伸，每 4 位一组，小数点前不足 4 位时，前面添 0 补足 4 位；小数点后不足 4 位时，后面添 0 补足 4 位。然后，将各组的 4 位二进制数转换成十六进制数。

【例 1-7】 将二进制数$(10110101011.011101)_2$ 转换为十六进制数。

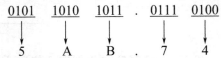

$(10110101011.011101)_2=0101\ 1010\ 1011.0111\ 0100 =(5AB.74)_{16}$。

十六进制数转换成二进制数时，将十六进制数中的每一位拆成 4 位二进制数，然后按顺序连接起来。

【例 1-8】 将十六进制数$(3CD)_{16}$ 转换为二进制数。

3　　　　　C　　　　　D
↓　　　　　↓　　　　　↓
0011　　1100　　1101

$(3CD)_{16}=0011\ 1100\ 1101=(1111001101)_2$。

1.2.3　信息的存储单位

在计算机内部，信息都是采用二进制的形式进行存储、运算、处理和传输的。信息存储单位有位、字节和字等。

1．位（bit）

计算机中最小的数据单位是二进制的一个数位，简称为位。正如我们前面所讲的那样，一个二进制位可以表示两种状态（0 或 1），两个二进制位可以表示 4 种状态（00、01、10、11）。显然，位越多，所表示的状态就越多。

2．字节（Byte）

字节是计算机中用来表示存储空间大小的最基本单位。由 8 位二进制数组成一个字节，通常用 B 表示。例如，计算机内存的存储容量、磁盘的存储容量等都是以字节为单位进行表示的。

除了用字节为单位表示存储容量外，还可以用千字节（KB）、兆字节（MB）、吉字节（GB）和太字节（TB）等表示存储容量。它们之间存在下列换算关系：

$1B=8bit$

$1KB=2^{10}B=1024B$

$1MB=2^{10}KB=1024KB$

$1GB=2^{10}MB=1024MB$

$1TB=2^{10}GB=1024GB$

3．字（Word）

字和计算机中字长的概念有关。字长是指计算机在进行处理时一次作为一个整体进行处理的二进制数的位数，具有这一长度的二进制数则被称为该计算机中的一个字。字通常取字节的整数倍，是计算机进行数据存储和处理的运算单位。

计算机按照字长进行分类，可以分为 8 位机、16 位机、32 位机和 64 位机等。字长越长，那么计算机所表示数的范围就越大，处理能力也越强，运算精度也就越高。在不同字长的计算机中，字的长度也不相同。例如，在 8 位机中，一个字含有 8 个二进制位，而在 64 位机中，一个字则含有 64 个二进制位。

1.2.4　常见的信息编码

计算机是用来处理数据的，任何形式的数据（数字、字符、汉字、图像、声音、视频）进入计算机都必须转换为 0 和 1（二进制），即进行信息编码。在转换成二进制编码前，进入计算机的数据是以不同的信息编码形式存在的，常见的有以下几种信息编码。

1．ASCII 码

ASCII（American Standard Code For Information Interchange，美国标准信息交换代码）由 7 位二进制数对字符进行编码，用 0000000～1111111 共 2^7 即 128 种不同的数码串分别表示常用的 128 个字符，其中包括 10 个数字、英文大小写字母各 26 个、32 个标点和运算符号、34 个控制符。这个编码已被国际标准化组织批准为国际标准 ISO/IEC 646，我国相应的国家标准为 GB 2312—1980。常用 ASCII 码字符集如表 1.3 所示。

表 1.3　常用 ASCII 码字符集

ASCII 值	字　　符	ASCII 值	字　　符	ASCII 值	字　　符	ASCII 值	字　　符
32	sp	56	8	80	P	104	h
33	!	57	9	81	Q	105	i
34	"	58	:	82	R	106	j
35	#	59	;	83	S	107	k
36	$	60	<	84	T	108	l
37	%	61	=	85	U	109	m
38	&	62	>	86	V	110	n
39	`	63	?	87	W	111	o
40	(	64	@	88	X	112	p
41	)	65	A	89	Y	113	q
42	*	66	B	90	Z	114	r
43	+	67	C	91	[	115	s
44	,	68	D	92	\	116	t
45	–	69	E	93	]	117	u
46	.	70	F	94	^	118	v
47	/	71	G	95	_	119	w
48	0	72	H	96	'	120	x
49	1	73	I	97	a	121	y
50	2	74	J	98	b	122	z
51	3	75	K	99	c	123	{
52	4	76	L	100	d	124		
53	5	77	M	101	e	125	}
54	6	78	N	102	f	126	~
55	7	79	O	103	g	127	del

2．汉字编码

计算机在处理汉字信息时，由于汉字字型比英文字符复杂得多，其偏旁部首等远不止 128 个，所以计算机处理汉字输入和输出时，要比处理英文复杂。计算机汉字处理过程的代码一般有 4 种形式，如汉字输入码、汉字交换码、汉字机内码和汉字字形码。汉字输入码是为从键盘输入汉字而编制的汉字编码，又称汉字外部码，简称外码。汉字输入码的编码方法有数字码、字间码、字形码、混合编码 4 类，简单地说，有区位码输入、拼音输入、五笔输入等，但不管采用哪种输入码输入，经转换后同一个汉字都将得到相同的内码。

任务3　计算机系统组成

任务描述

老师要求同学们配置一台普通家用计算机，能够运行主流的操作系统和满足日常使用的应用软件，能满足平时学习、工作、娱乐、上网的需要。

要成功配置一台满足日常需要的计算机，所需掌握的内容包括计算机硬件系统的相关知识和计算机软件系统的相关知识，还需了解计算机的一些相关性能指标。

1.3.1　计算机系统概述

一个完整的计算机系统包括硬件系统和软件系统两大部分。

计算机硬件系统是指构成计算机的所有实体部件的集合。直观地看，计算机硬件是一大堆设备，它们都是看得见、摸得着的，是计算机进行工作的物质基础，也是计算机软件发挥作用、施展技能的舞台。计算机系统结构图如图1.2所示。

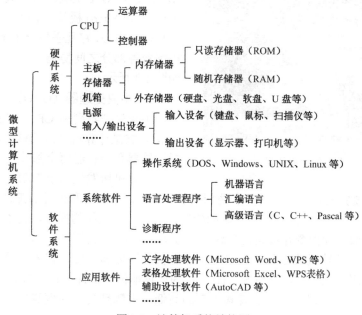

图1.2　计算机系统结构图

计算机软件是指在硬件设备上运行的各种程序及有关资料。所谓程序实际上是用户用于指挥计算机执行各种动作以便完成指定任务的指令的集合。用户要让计算机做的工作可能是很复杂的，因而指挥计算机工作的程序也可能是庞大而复杂的，有时还可能要对程序进行修改与完善。因此，为了便于阅读和修改，必须对程序进行必要的说明或整理出有关资料。这些说明或资料（称为文档）在计算机执行过程中可能是不需要的，但对于用户阅读、修改、维护、交流这些程序却是必不可少的。因此，也有人简单地用一个公式来说明其包括的基本内容：软件=程序+文档。

通常，人们把没有安装任何软件的计算机称为硬件计算机或裸机。普通用户面对的一般不是裸机，而是在裸机之上配置若干软件之后构成的计算机系统。有了软件，就把一台实实在在的物理机器（有人称为实机器）变成了一台具有抽象概念的逻辑机器（有人称为虚机器），从而使人们不必更多地了解机器本身就可以使用计算机，软件在计算机和计算机使用者之间架起了桥梁。正是由于软件的丰富多彩，可以出色地完成各种不同的任务，才使得计算机的应用领域日益广泛。当然，计算机硬件是支撑计算机软件工作的基础，没有足够的硬件支持，软件也就无法正常工作。实际上，在计算机技术的发展进程中，计算机软件随硬件技术的迅速发展而发展；反过来，软件的不断发展与完善又促进了硬件的新发展，两者的发展密切地交织着，缺一不可。

1.3.2 计算机硬件系统

计算机的硬件系统由主机和外部设备组成，包括输入设备、输出设备、运算器、控制器和存储器 5 大部分。具体来说，其包括主板、中央处理器、存储器及输入/输出设备等。

1．主板

图 1.3　典型的主板外观

主板是计算机系统中最大的电路板，主板上分布着芯片组、CPU 插座、内存插槽、总线扩展槽、输入/输出接口等。主板按结构分为 AT 主板和 ATX 主板；按其大小分为标准板、Baby 板和 Micro 板等。主板是计算机系统的主体和控制中心，它几乎集合了全部系统的功能，控制着各部分之间协调工作。典型的主板外观如图 1.3 所示。

2．中央处理器（CPU）

中央处理器简称 CPU（Central Processing Unit），它是计算机系统的核心，中央处理器包括运算器和控制器两个部件。

计算机所发生的全部动作都由 CPU 控制。其中，运算器主要完成各种算术运算和逻辑运算，是对信息加工和处理的部件。控制器是对计算机发布命令的"决策机构"，用来协调和指挥整个计算机系统的操作，它本身不具有运算功能，而是通过读取各种指令并对其进行翻译、分析，而后对各部件做出相应的控制。

中央处理器是计算机的心脏，它决定了计算机的性能和速度，代表计算机的档次。CPU 的运行速度通常用主频表示，以赫兹（Hz）作为计量单位。在评价计算机时，首先看其 CPU 是哪一种类型，在同一档次中还要看其主频的高低，主频越高，速度越快，性能越好。CPU 的外观如图 1.4 所示。

图 1.4　CPU 的外观

3．内存储器

内存储器又称主存储器，也简称内存、主存，是与 CPU 直接相连的设备。其按功能可分为只读存储器和随机存储器两类。

（1）随机存储器（Random Access Memory，RAM）。RAM 是一种可读写存储器，其内容

可以随时根据需要读出，也可以随时重新写入新的信息。这种存储器又可以分为静态 RAM（Static RAM，SRAM）和动态 RAM（Dynamic RAM，DRAM）两种。SRAM 的速度较快，但价格较高，适宜特殊场合使用。例如，高速缓冲存储器一般用 SRAM 做成；DRAM 的速度相对较慢，但价格较低，在个人计算机中普遍采用它做成内存条。不论是静态 RAM 还是动态 RAM，在计算机断电后，RAM 中的数据或信息将全部丢失。RAM 在微机中主要用来临时存放正在运行的用户程序和数据及临时从外存储器调用的系统程序。

（2）只读存储器（Read Only Memory，ROM）。ROM 是一种内容只能读出而不能写入和修改的存储器，其存储的信息一般是在制作该存储器时就被生产厂家写入。在计算机运行过程中，ROM 中的信息只能被读出，而不能写入新的内容。计算机断电后，ROM 中的信息不会丢失。只读存储器除了 ROM 外，还有 PROM、EPROM 和 EEPROM 等类型。PROM 是可编程只读存储器，它在制造时不把数据和程序写入，而是由用户根据需要自行写入，一旦写入，就不能再次修改。EPROM 是可擦除可编程只读存储器。与 PROM 相比，EPROM 是可以反复多次擦除原来写入的内容，重新写入新内容的只读存储器。但 EPROM 与 RAM 不同，虽然其内容可以通过擦除而多次更新，但只要更新固化好以后，就只能读出，而不能像 RAM 那样可以随机读出和写入信息。EEPROM 是电可擦除可编程只读存储器，目前普遍用于可移动电子硬盘和数码相机等设备的存储器中。不论哪种 ROM，其中存储的信息不受断电的影响，具有永久保存的特点。

（3）高速缓冲存储器（Cache）。CPU 的速度越来越快，但 DRAM 的速度受到制造技术的限制无法与 CPU 的速度同步，因而经常导致 CPU 不得不降低自己的速度来适应 DRAM。为了协调 CPU 与 DRAM 之间的速度，通常在 CPU 与主存储器间提供一个小而快的存储器，称为 Cache（高速缓冲存储器）。Cache 是由 SRAM 构成的，存取速度大约是 DRAM 的 10 倍。Cache 的工作原理是将未来可能要用到的程序和数据先复制到 Cache 中，CPU 读数据时，首先访问 Cache，当 Cache 中有 CPU 所需的数据时，直接从 Cache 中读取；如果没有，再从内存中读取，并把与该数据相关的内容复制到 Cache 中，为下一次访问做好准备。

4．外存储器

外存储器又称辅助存储器，简称外存、辅存，用于存放暂时不用的程序和数据。它不能直接被 CPU 访问，外存中的信息只有被调入内存才能被 CPU 访问。外存相对于内存而言，其特点是：存取速度较慢，但存储容量大，价格较低，信息不会因断电而丢失。目前最常用的外存有硬盘、移动硬盘、光盘和 U 盘等。

（1）硬盘。硬盘是计算机中非常重要的存储设备，它对计算机的整体性能有很大的影响。硬盘一般都封装在一个金属盒子里，固定在主机箱内（见图 1.5），它具有磁盘容量大、存取速度快、可靠性高的特点。目前，常用的硬盘直径分为 3.5 英寸或 2.5 英寸，容量一般为几十吉字节到几百吉字节甚至几太字节。

硬盘在使用前要进行分区和格式化，通常在 Windows 中的"我的电脑"里看到的 C、D、E 盘等就是硬盘的逻辑分区。

（2）移动硬盘。移动硬盘（见图 1.6）是以硬盘为存储介质，与计算机之间交换大容量数据，强调便携性的存储产品。移动硬盘多采用 USB、IEEE1394 等传输速度较快的接口，可以较高的速度与系统进行数据传输。移动硬盘所具有的出色特性包括：容量大（几十吉字节到几百吉字节），携带方便，存储方便，安全性、可靠性强，兼容性好，传输速度快等，使它受到越来越多的用户青睐。

图1.5 硬盘

图1.6 移动硬盘

（3）光盘。光盘是利用光学方式进行读/写的外存储器，要使用光盘，计算机必须配置光盘驱动器（即CD-ROM驱动器）。光盘及光盘驱动器的外观如图1.7所示。

光盘可以存放各种文字、声音、图形、图像和动画等多媒体数字信息，而且具有价格低、存储容量大、可靠性高、易长期保存等特点。一张CD–ROM光盘的容量在650MB左右，只要存储介质不发生问题，光盘上的信息就将一直存在。

光盘盘片有3种类型：只读型光盘（Compact Disk–Read Only Memory，即CD-ROM）、只写一次型光盘（Write Once, Read Many，WORM）和可擦写型光盘（Rewriteable）。目前，常用的光盘是CD–ROM，顾名思义，只能从这类光盘上读取信息，而不能改变其内容。目前，市场上流行的激光唱片、影碟、游戏盘、数据盘等均属CD–ROM。

图1.7 光盘及光盘驱动器的外观

（4）U盘。U盘是采用闪存芯片作为存储介质的一种新型移动存储设备，因其采用标准的USB接口与计算机连接而得名。U盘的外观如图1.8所示。

图1.8 U盘的外观

U盘具有质量小、体积小、容量大、不需要驱动器、无外接电源、即插即用、存取速度快等特点，能实现在不同计算机之间进行文件交换。U盘的存储容量一般有2GB、4GB、8GB、16GB、32GB等，最大可达几百吉字节。使用时应避免在读/写数据时拔出U盘。

5. 输入设备

输入设备用于将信息用各种方法输入计算机，并将原始信息转化为计算机能接收的二进制数，使计算机能够处理。常用的输入设备主要有键盘、鼠标、扫描仪、触摸屏、手写板、光笔、话筒、摄像机、数码照相机、磁卡读入机、条形码阅读机、数字化仪等。

（1）键盘。键盘是最常用的输入设备，可用来输入数据、文本、程序和命令等。在键盘内部有专门的控制电路，当用户按下键盘上的任意一个键时，键盘内部的控制电路会产生一个相应的二进制代码，并把这个代码传入计算机。常用的键盘有 101 键、104 键等，不同种类的键盘的键位分布基本一致，一般分为功能键区、主键盘区（打字键区）、编辑键区和辅助键区（数字键区）4 个区。如图 1.9 所示为 104 键键盘。

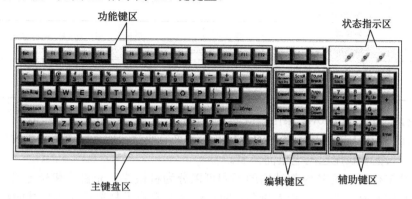

图 1.9　104 键键盘

表 1.4 所示为常用键的功能和用法。

表 1.4　常用键的功能和用法

键	功能和用法
【Tab】	制表键。每按一次，光标向右移动 8 个字符的位置。在文字处理软件中每次移动的字符数可由用户规定
【Caps lock】	大小写转换键。控制【Caps lock】灯的亮或灭，【Caps lock】灯亮，表示大写状态，否则为小写状态
【Ctrl】	控制功能键。这个键须与其他键同时组合使用才能完成某些特定功能
【Shift】	换挡键（主键盘左右下方各一个，其功能一样）。主要用途： ① 同时按下【Shift】和具有上下挡字符的键，上挡字符起作用； ② 用于大小写字母输入：当处于大写状态，同时按下【Shift】和字母键，输入小写字母；当处于小写状态，同时按下【Shift】和字母键，输入大写字母
【Alt】	组合功能键。这个键须与其他键同时使用才能完成某些特定功能
【Space】	空格键（键盘下方最长的键）。按一下产生一个空格
【Backspace】	或写为【←】，退格键。删除光标所在位置左边的一个字符
【Enter】	或写为【↙】，回车键。结束一行输入，光标到下一行
【Esc】	用来中止某项操作。在有些编辑软件中，按一下此键，弹出系统菜单
【F1～F12】	在不同的应用软件中，能够完成不同的功能。例如，在 Windows 下，按【F1】键可以查看选定对象的帮助信息，按【F10】键可以激活菜单栏等
【Print Screen】	用于对屏幕进行硬拷贝，即打印屏幕键。在 Windows 中，按【Alt】+【Print Screen】组合键可以将当前的活动窗口复制到剪贴板中
【Scroll Lock】	滚屏幕状态和自锁状态
【Pause/Break】	暂停键。当屏幕在滚动显示某些信息时按下此键，可以暂停显示，直到按下任意键盘为止。如果同时按下【Ctrl】和【Pause】键，通常可以终止当前程序的运行
【→】	光标右移一个字符
【←】	光标左移一个字符
【↑】	光标上移一行
【↓】	光标下移一行

续表

键	功能及用法
【Home】	光标移到行首
【End】	光标移到行尾
【Page Up】	光标移到上一页
【Page Down】	光标移到下一页
【Insert】	插入/改写状态转换
【Delete】	删除光标所在的字符

（2）鼠标。随着 Windows 操作系统的发展和普及，鼠标已成为计算机必备的标准输入设备。其主要功能是用于控制显示器上的光标并通过菜单或按钮向系统发出各种操作命令。鼠标因其外形像一只拖着长尾巴的老鼠而得名。

鼠标按其工作原理及其内部结构的不同可以分为机械式、光机式和光电式 3 种。此外，还有将鼠标与键盘合二为一的输入设备，即在键盘上安装了与鼠标作用相同的跟踪球，它在笔记本式计算机中应用很广泛。近年来还出现了 3D 鼠标和无线鼠标等。有线鼠标与无线鼠标如图 1.10 所示。

图 1.10　有线鼠标与无线鼠标

（3）扫描仪。扫描仪（见图 1.11）是进行文字和图片输入的重要设备之一。它可以将大量的文字和图片信息用扫描方式输入计算机，以便于计算机对这些信息进行识别、编辑、显示或输出。

通过扫描仪得到的图像文件可以提供给图像处理程序进行处理；如果再配上光学字符识别（OCR）程序，则可以把扫描得到的图片格式的中英文图像转变为文本格式，供文字处理软件进行编辑，这样就免去了人工输入的过程。

（4）摄像头。网络摄像头是监控器的一种，只不过网络摄像头是在传统的监控器上面增加了与互联网结合的功能。更确切地说，网络摄像头是一种结合传统摄像机与网络技术所产生的新一代摄像机，它可以将影像透过网络传至地球另一端，且远端的浏览者不需要用任何专业软件，只需用标准的网络浏览器（如 Microsoft IE 或 Netscape）即可监视其影像。

摄像头如图 1.12 所示。

图 1.11　扫描仪

图 1.12　摄像头

（5）数码照相机。数码照相机（Digital Camera，DC）简称数码相机，是一种利用电子传感器把光学影像转换成电子数据的照相机。有别于传统照相机通过光线引起底片上的化学变化来记录图像，数码相机的成像元件是光感应式的电荷耦合器件（CCD）或互补金属氧化物半导体（CMOS），该成像元件的特点是光线通过时能根据光线的不同转化为电子信号。数码相机最早出现在美国，20 多年前，美国曾利用它通过卫星向地面传送照片，后来数码相机转为民用并不断地拓展其应用范围。

6. 输出设备

输出设备的功能是将计算机的处理结果转换为人们所能接收的形式并输出。这些信息可以通过打印机打印在纸上，或者显示在显示器屏幕上。常用的输出设备有显示器、打印机、绘图仪等。

（1）显示器。显示器是计算机最基本的输出设备，能以数字、字符、图形或图像等形式将数据、程序运行结果或信息的编辑状态显示出来。

显示器的主要技术参数有显示器尺寸、分辨率等。显示器尺寸依荧幕对角线计算，通常以英寸（inch）作为单位，指荧幕对角的长度，现在一般主流尺寸有 17"、19"、21"、22"、24"、27"等。常用的显示屏又有标屏（窄屏）与宽屏两种，标屏的宽高比为 4:3（还有少量比例为 5:4），宽屏的宽高比为 16:10 或 16:9。分辨率指屏幕上可以显示的像素个数，如分辨率 1024×768，表示屏幕上每行有 1024 个像素点，有 768 行。对于相同尺寸的屏幕，分辨率越高，所显示的字符或图像就越清晰。

（2）打印机。打印机（见图 1.13）是将计算机的处理结果打印到纸上的输出设备。打印机一般通过电缆线连接在计算机的 USB 接口上。打印机按打印颜色可分为单色打印机和彩色打印机；按工作方式可分为击打式打印机和非击打式打印机，击打式打印机中最常见的是针式打印机，非击打式打印机中最常见的是喷墨打印机和激光打印机。

针式打印机　　　　　　　喷墨打印机　　　　　　　激光打印机

图 1.13　打印机

① 针式打印机。针式打印机又称点阵打印机，由走纸机构、打印头和色带组成。针式打印机的缺点是噪声大，打印速度慢，打印质量不高，打印头的针容易损坏；优点是打印成本低，可连页打印、多页打印（复印效果），在使用中，用户可以根据需求来选择多联纸张，一般常用的多联纸有 2 联、3 联、4 联纸，其中也有使用 6 联的打印机纸。多联纸一次性打印完成只有针式打印机能够快速完成，喷墨打印机、激光打印机无法实现多联纸打印。

对于医院、银行、邮局、彩票、保险、餐饮等行业的用户来说，针式打印机是他们的必备产品之一，因为只有通过针式打印机才能快速地完成各项单据的复写，为用户提供高效的服务，而且还能为这些窗口行业用户存底。

② 喷墨打印机。喷墨打印机是在针式打印机之后发展起来的，采用非打击的工作方式，在控制电路的控制下，墨水通过喷嘴喷射到纸面上形成微墨点输出字符和图形。比较突出的优点有体积小、操作简单方便、打印噪声低、使用专用纸张时可以打出和照片相媲美的图片等。

缺点是墨水的消耗量大，长期不用的喷墨打印机，墨盒打印头干结堵塞，不能再使用。

③ 激光打印机。激光打印机是一种常见的在普通纸张上快速印制高质量文本与图形的打印机。它是激光技术和静电照相技术结合的产物。相较于其他打印设备，激光打印机有打印速度快、成像质量高等优点；但使用成本相对较高。

打印机与计算机的连接采用并口或 USB 为标准接口，将打印机与计算机连接后，必须要安装相应的打印机驱动程序才可以使用打印机。

7. 总线

总线（Bus）是 CPU、内存、输入设备、输出设备传递信息的公共信息通道，主机的各个部件通过总线相连接，外部设备通过相应的接口电路再与总线相连接，从而形成了计算机硬件系统。按照计算机所传输的信息种类，计算机的总线可以划分为数据总线（Data Bus，DB）、地址总线（Address Bus，AB）和控制总线（Control Bus，CB）3 部分。数据总线在 CPU 与内存或 I/O 设备之间传送数据；地址总线用来传送存储单元或输入/输出接口的地址信息；控制总线则用来传送控制和命令信号。其工作方式一般是：由发送数据的部件分时地将信息发往总线，再由总线将这些数据同时发往各个接收信息的部件，但究竟由哪个部件接收数据，则由地址来决定。由此可见，总线除包括上述 3 组信号线外，还必须包括相关的控制和驱动电路。

1.3.3 计算机软件系统

软件是指为方便使用计算机和提高使用效率而使用程序设计语言编写的程序。软件内容丰富、种类繁多，通常根据软件用途可将其分为系统软件和应用软件两大类，如图 1.14 所示。

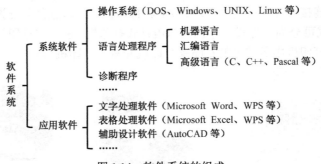

图 1.14 软件系统的组成

1. 系统软件

系统软件由一组控制计算机系统并管理其资源的程序组成，其主要功能包括：启动计算机，存储、加载和执行应用程序，对文件进行排序、检索，将程序语言翻译成机器语言等。实际上，系统软件可以看作是用户与计算机的接口，它为应用软件和用户提供了控制、访问硬件的手段，这些功能主要由操作系统完成。此外，编译系统和各种工具软件也属于此类，它们从另一方面辅助用户使用计算机。

（1）操作系统。操作系统（Operating System，OS）是管理、控制和监督计算机软、硬件资源协调运行的程序系统，由一系列具有不同控制和管理功能的程序组成。操作系统是直接运行在计算机硬件上的最基本的系统软件，是系统软件的核心。没有操作系统的支持，用户无法使用其他软件或程序。常用的操作系统有 DOS 操作系统、Windows 操作系统、UNIX 操作系统和 Linux、Netware 操作系统等。

（2）程序设计语言。人们要使用计算机，就必须与计算机进行交流，要交流就必须使用计算机语言。目前，程序设计语言可分为 4 类：机器语言、汇编语言、高级语言及第四代高级语言。机器语言是计算机硬件系统能够直接识别的、不需要翻译的计算机语言。汇编语言是用助记符表示指令功能的计算机语言。机器语言和汇编语言都是面向机器的一种低级语言，不具备通用性和可移植性。高级语言是由各种意义的词和数学公式按照一定的语法规则组成的，它更容易阅读、理解和修改，编程效率高。高级语言不是面向机器的，而是面向问题，与具体机器无关，具有很强的通用性和可移植性。高级语言的种类很多，有面向过程的语言，如 Fortran、Basic、Pascal、C 等；有面向对象的语言，如 C++、Visual Basic、Java 等。

第四代语言的出现是出于商业需要。这一类语言由于具有"面向问题""非过程化程度高"等特点，可以成数量级地提高软件生产率，缩短软件开发周期，因此赢得了很多用户。

（3）语言处理程序。程序是计算机语言的具体体现，是计算机为解决问题而编制的。对于用高级语言编写的程序，计算机是不能直接识别和执行的。要执行高级语言编写的程序，首先要将高级语言编写的程序翻译成计算机能识别和执行的二进制机器指令，然后才能供计算机执行。

（4）数据库管理系统。利用数据库管理系统可以有效地保存和管理数据，并利用这些数据得到各种有用的信息。数据库管理系统具有建立、维护和使用数据库的功能；具有使用方便、高效的数据库编程语言的功能；并能提供数据共享和安全性保障。数据库管理系统按数据模型的不同，分为层次型、网状型和关系型 3 种类型。其中，关系型数据库使用最为广泛，如 SQL Server、FoxPro、Oracle、Access、Sybase、MySQL 等都是常用的关系型数据库管理系统。

（5）工具软件。工具软件又称为服务性程序，是指支持和维护计算机正常处理工作的一种系统软件，包括各种硬件设备的驱动程序和各种硬件诊断程序。

硬件的驱动程序：显示驱动、打印驱动及声卡驱动等。

硬件诊断程序：主机硬件诊断、显示器诊断、键盘诊断及磁盘诊断等。

2．应用软件

除了系统软件以外的所有软件都称为应用软件，应用软件可以拓宽计算机系统的应用领域，放大硬件的功能。它们是由计算机生产厂家或软件公司为支持某一应用领域、解决某个实际问题而专门编制的程序。例如，办公软件 Office 和 WPS、计算机辅助设计软件 AutoCAD、图形处理软件 Photoshop、压缩解压缩软件 WinRAR、反病毒软件瑞星等。

1.3.4　计算机的性能指标

衡量一台微型计算机性能好坏的技术指标主要有如下几个方面。

1．字长

计算机在同一时间内处理的一组二进制数称为一个计算机的"字"，而这组二进制数的位数就是"字长"。在其他指标相同时，字长越长，计算机处理数据的速度就越快、精度也越高。计算机的字长一般有 32 位、64 位等。

2．主频

主频是指 CPU 的时钟频率，通常以时钟频率来表示系统的运算速度。一般来说，时钟频率越高，其运算速度越快。主频一般以 MHz（兆赫兹）为单位。例如，Pentium Ⅲ 800 表示微处理器的型号为 Pentium Ⅲ，主频为 800MHz；Pentium 4 1.5G 表示微处理器的型号为 Pentium 4，主频为 1.5GHz。

3．运算速度

运算速度是指计算机在单位时间内所能执行运算指令的条数。常用单位为 MIPS，即百万次/秒。

4．内存储器的容量

内存储器是 CPU 可以直接访问的存储器，需要执行的程序与需要处理的数据就是存放在内存中的。内存储器容量的大小反映了计算机即时存储和处理信息的能力。随着操作系统的升级，应用软件的不断丰富及其功能的不断扩展，人们对计算机内存容量的需求也不断提高。例如，运行 Windows Server 2000 操作系统至少需要 128MB 的内存容量，Windows Server 2003 则需要 256MB 以上的内存容量，Windows 7 操作系统则至少需要 1GB 的内存容量。内存容量越大，系统处理数据的速度就越快。目前大多使用 2GB、4GB 的内存。

5．外存储器的容量

外存储器的容量通常是指硬盘容量（包括内置硬盘和移动硬盘）。外存储器的容量越大，可存储的信息就越多，可安装的应用软件就越丰富。

以上只是一些主要性能指标。除了上述主要性能指标外，微型计算机还有其他一些指标，如所配置外围设备的性能指标及所配置系统软件的情况等。另外，各项指标之间也不是彼此孤立的，在实际应用时应该把它们综合起来考虑，而且还要遵循"性能价格比"的原则。

项目考核

一、填空题

1．UPS 的中文译名是（　　）。

    A．稳压电源 　　　　　　　　　　　　B．不间断电源

    C．高能电源 　　　　　　　　　　　　D．调压电源

2．下列设备组中，完全属于外部设备的一组是（　　）。

    A．激光打印机，移动硬盘，鼠标器

    B．CPU，键盘，显示器

    C．SRAM 内存条，CD-ROM 驱动器，扫描仪

    D．U 盘，内存储器，硬盘

3．把内存中的数据保存到硬盘上的操作称为（　　）。

    A．显示 　　　　　B．写盘 　　　　　C．输入 　　　　　D．读盘

4．操作系统是计算机的软件系统中（　　）。

    A．最常用的应用软件 　　　　　　　　B．最核心的系统软件

    C．最通用的专用软件 　　　　　　　　D．最流行的通用软件

5．下列英文缩写和中文名字的对照中，错误的是（　　）。

    A．CAD—计算机辅助设计 　　　　　　B．CAM—计算机辅助制造

    C．CIMS—计算机集成管理系统 　　　　D．CAI—计算机辅助教育

6．电子计算机最早的应用领域是（　　）。

    A．数据处理 　　　　　　　　　　　　B．数值计算

    C．工业控制 　　　　　　　　　　　　D．文字处理

7．目前市售的 USB FLASH DISK（俗称 U 盘）是一种（　　）。

    A．输出设备 　　　　　　　　　　　　B．输入设备

    C．存储设备 　　　　　　　　　　　　D．显示设备

8. 计算机硬件系统主要包括：运算器、存储器、输入设备、输出设备和（　　）。

    A. 控制器　　　　　　　　　　　B. 显示器

    C. 磁盘驱动器　　　　　　　　　D. 打印机

9. 对 CD-ROM 可以进行的操作是（　　）。

    A. 读或写　　　　　　　　　　　B. 只能读不能写

    C. 只能写不能读　　　　　　　　D. 能存不能取

10. 硬盘属于（　　）。

    A. 内部存储器　　　　　　　　　B. 外部存储器

    C. 只读存储器　　　　　　　　　D. 输出设备

11. 组成 CPU 的主要部件是（　　）。

    A. 运算器和控制器　　　　　　　B. 运算器和存储器

    C. 控制器和寄存器　　　　　　　D. 运算器和寄存器

12. 运算器（ALU）的功能是（　　）。

    A. 只能进行逻辑运算　　　　　　B. 对数据进行算术运算或逻辑运算

    C. 只能进行算术运算　　　　　　D. 进行初等函数的计算

13. 世界上第一台计算机是 1946 年美国研制成功的，该计算机的英文缩写名为（　　）。

    A. MARK-II　　　　　　　　　　B. ENIAC

    C. EDSAC　　　　　　　　　　　D. EDVAC

14. 现代微型计算机中所采用的电子器件是（　　）。

    A. 电子管　　　　　　　　　　　B. 晶体管

    C. 小规模集成电路　　　　　　　D. 大规模和超大规模集成电路

15. 下列软件中，属于应用软件的是（　　）。

    A. Windows XP　　　　　　　　 B. PowerPoint 2010

    C. UNIX　　　　　　　　　　　 D. Linux

16. 计算机软件系统包括（　　）。

    A. 系统软件和应用软件　　　　　B. 编译系统和应用软件

    C. 数据库管理系统和数据库　　　D. 程序和文档

二、思考题

为自己配置一台普通家用计算机，要求能够运行主流的操作系统和满足日常使用的应用软件，能满足平时学习、工作、娱乐、上网的需要。

实施思路：

步骤 1：先到太平洋电脑和中关村在线等网站了解计算机配置、价格等方面的资讯。

太平洋电脑（http://www.pconline.com.cn）；中关村在线（http://www.zol.com.cn）。

步骤 2：按照自己的需求，选择不同档次、型号、生产厂家的计算机配件。

步骤 3：列出所配置计算机的配置清单。

三、拓展训练——指法训练

按照指法图纠正错误的打字指法，掌握正确的手指分工。

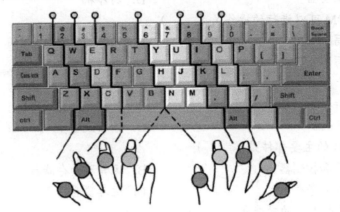

项目二

认识因特网

项目介绍

计算机网络是计算机技术和通信技术结合的产物。随着计算机技术及通信技术的发展，计算机网络应用已经遍布在人们的学习、工作和生活的各个角落。网络技术为人们广泛共享资源，有效地传送、处理信息提供了更加便捷和高效的途径。因此，掌握计算机网络技术已经逐渐成为一项不可或缺的工作技能。

任务安排

任务1　接入局域网
任务2　使用因特网

学习目标

◇ 掌握计算机网络的基础知识
◇ 掌握 TCP/IP 协议、域名、IP 地址等概念及相关知识
◇ 掌握接入局域网的软件配置方法，如 IP 地址、子网掩码、默认网关和 DNS 服务器地址等参数的配置
◇ 掌握局域网中文件共享和打印机等设备共享的方法
◇ 掌握浏览器、搜索引擎的使用
◇ 能熟练收发电子邮件
◇ 能利用网络进行网络资源的上传和下载

任务 1 接入局域网

任务描述

某学院招生就业处工作人员小张要将各专业人才培养的调研资料与往届毕业生的就业信息提交给招生就业处处长李某，资料总计 20GB，如果用 8GB 的 U 盘复制，需要复制多次。李处长让小张通过局域网将资料共享给他，这样可以节省时间。那么，如何熟悉校园网的网络环境以便更好地工作呢？

任务分析

小张要将 20GB 的招生就业资料共享给李处长，小张和李处长的计算机必须在同一局域网内，为此需要先将小张和李处长的计算机分别设置好 IP 地址、子网掩码、默认网关等网络参数，然后才能设置文件夹共享，才能利用网络实现文件传输。

知识准备

2.1.1 计算机网络的发展

计算机网络在 20 世纪 60 年代起源于美国，原本用于军事通信，后逐渐进入民用，经过50 多年不断发展和完善，现已广泛应用于各个领域，并高速向前迈进，计算机网络的发展大致可划分为 4 个阶段。

第一阶段：诞生阶段

20 世纪 60 年代中期之前的第一代计算机网络是以单个计算机为中心的远程联机系统。典型应用是由一台计算机和全美范围内 2000 多个终端组成的飞机订票系统。终端是一台计算机的外部设备，包括显示器和键盘，无 CPU 和内存。随着远程终端的增多，在主机前增加了前端机（FEP）。当时，人们把计算机网络定义为"以传输信息为目的而连接起来，实现远程信息处理或进一步达到资源共享的系统"，但这样的通信系统已具备了网络的雏形。

第二阶段：形成阶段

20 世纪 60 年代中期至 70 年代的第二代计算机网络是以多个主机通过通信线路互联起来，为用户提供服务，兴起于 60 年代后期，典型代表是美国国防部高级研究计划局协助开发的ARPANET。主机之间不是直接用线路相连，而是由接口报文处理机（IMP）转接后互联的。IMP 和它们之间互联的通信线路一起负责主机间的通信任务，构成了通信子网。通信子网互联的主机负责运行程序，提供资源共享，组成了资源子网。这个时期，网络概念为"以能够相互共享资源为目的互联起来的具有独立功能的计算机的集合体"，形成了计算机网络的基本概念。

第三阶段：互联互通阶段

20 世纪 70 年代末至 90 年代的第三代计算机网络是具有统一的网络体系结构并遵循国际标准的开放式和标准化的网络。ARPANET 兴起后，计算机网络发展迅猛，各大计算机公司相继推出自己的网络体系结构及实现这些结构的软、硬件产品。由于没有统一的标准，不同厂商的产品之间互联很困难，人们迫切需要一种开放性的标准化实用网络环境，这样应运而生了两种国际通用的最重要的体系结构，即 TCP/IP 体系结构和国际标准化组织的 OSI 体系结构。

第四阶段：高速网络技术阶段

20 世纪 90 年代末至今的第四代计算机网络，由于局域网技术发展成熟，出现光纤及高速网络技术、多媒体网络、智能网络，整个网络就像一个对用户透明的大的计算机系统，发展为以 Internet 为代表的互联网。

2.1.2 计算机网络的功能

计算机网络具有丰富的资源和多种功能，其主要的功能归纳为以下几个方面。

（1）资源共享。资源共享是网络的基本功能之一。计算机网络的资源主要包括软、硬件资源和数据资源。

（2）数据通信。数据通信使终端与计算机、计算机与计算机之间能够相互传送数据和交换信息。通过计算机网络，将分散在不同地点的生产部门和业务部门进行集中控制和管理，还可为分布在各地的人们及时传递信息。

（3）实时的集中处理。利用网络，可以将不同的计算机终端上得到的各种数据集中起来，进行综合整理和分析等。

（4）提高可靠性。单个计算机或系统难免会出现暂时的故障，从而导致系统瘫痪。通过计算机网络，可以提供一个多机系统的环境，实现两台或多台计算机间互为备份，使计算机系统有冗余备份的功能。

（5）均衡负荷和分布式处理。这是计算机网络追求的目标之一。对于大型任务或当某台计算机的任务负荷太重时，可采用合适的算法将任务分散到网络中的其他计算机上进行处理。

（6）增加服务项目。通过计算机网络可为用户提供更全面的服务项目，如图像、声音、动画等信息的处理和传输。这是单个计算机系统难以实现的。

2.1.3 计算机网络的组成

计算机网络要完成数据处理和数据通信两大功能，因此它在结构上也必然分成两个组成部分：负责数据处理的计算机与终端；负责数据通信的通信控制处理机（CCP）与通信线路。从计算机网络系统组成的角度来看，典型的计算机网络从逻辑功能上可以分为资源子网和通信子网两部分，如图 2.1 所示。

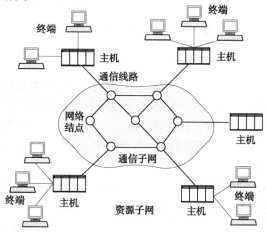

图 2.1 计算机网络的逻辑组成

1．资源子网

资源子网提供访问网络、数据处理和分配共享资源的功能，为用户提供访问网络的操作平台和共享资源与信息。资源子网由计算机系统、存储系统、终端服务器、终端或其他数据终端设备组成，由此构成整个网络的外层。

2．通信子网

通信子网提供网络的通信功能，专门负责计算机之间的通信控制与处理，为资源子网提供信息传输服务。通信子网由通信处理机（CCP）或通信控制器、通信线路和通信设备等组成。

2.1.4　计算机网络的拓扑结构

计算机网络的拓扑结构是指网上计算机或设备与传输媒介形成的结点与线的物理构成模式，主要由通信子网决定。网络的结点有两类：一类是转换和交换信息的转接结点，包括结点交换机、集线器和终端控制器等；另一类是访问结点，包括计算机主机和终端等。线则代表各种传输媒介，包括有线传输媒介和无线传输媒介。

按照网络中各结点位置和布局的不同，计算机网络的拓扑结构可以分为总线形、星形、环形、树形和网状形。计算机网络的拓扑结构如图 2.2 所示。

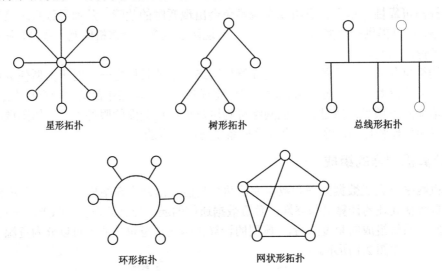

图 2.2　计算机网络的拓扑结构

2.1.5　计算机网络的分类

按地理位置分类，计算机网络可以分为局域网、广域网和城域网。

（1）局域网（Local Area Network，LAN）。局域网一般在几十米到几千米范围内，一个局域网可以容纳几台至几千台计算机。按局域网现在的特性看，局域网具有如下特性：

- 局域网分布于比较小的地理范围内。由于采用了不同传输能力的传输媒介，因此局域网的传输距离也不同。
- 局域网往往用于某一群体。例如，一个公司、一个单位、某一幢楼、某一学校等。

（2）城域网（Metropolis Area Network，MAN）。城域网是位于一座城市的一组局域网。例如，如果一所学校有多个分校分布在城市的不同地方，将它们互联起来组成的网络，其传输速度比局域网慢，并且由于把不同的局域网连接起来需要专门的网络互联设备，所以连接费用较高。

（3）广域网（Wide Area Network，WAN）。广域网是将分布在各地的局域网络连接起来的网络，是"网间网"（网络之间的网络）。

2.1.6　IP地址与域名

1．IP地址

在Internet中为了定位每一台计算机，需要给每台计算机分配或指定一个确定的"地址"，我们称其为Internet的网络地址。

（1）IP地址的表示。Internet的网络地址是指连入Internet的结点计算机的网络互联地址（称为IP地址）。目前，广泛使用的IP协议称为IPv4，它是32位的二进制数，分为4组，每组8位，由小数点"."分开，每组对应一个字节，每个字节的取值范围是0～255，如202.113.96.113。这种书写方法叫点分十进制表示法。

一个IP地址逻辑上分成两个部分，一部分标识主机所属的网络（网络标识），另一部分标识主机本身（主机标识），如图2.3所示。

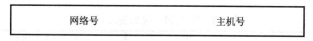

网络号	主机号

图2.3　IP地址的组成

- 网络号netID：标识互联网中一个特定网络。
- 主机号hostID：标识网络中主机的一个特定连接，用以标明该网络中具体的结点（如网络上工作站、服务器和路由器等）。

（2）IP地址的分类及构成。IP地址可以分为5类，分别是A类、B类、C类、D类和E类。其中，常见的IP地址为A类、B类和C类。D类地址称为组播（Multicast）地址，而E类地址尚未使用，以保留给将来使用。IP地址的分类如图2.4所示。

（3）IP地址的分配。IP地址的分配主要有两种方法：静态分配和动态分配。

① 静态分配：由用户自行指定固定的IP地址，配置操作需要在每台主机上进行。静态分配的缺点是配置和修改工作量大，不便于统一管理。

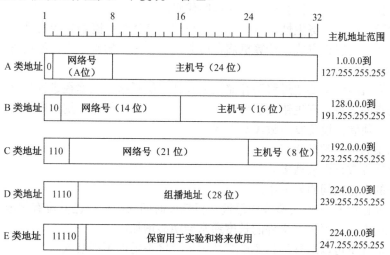

图2.4　IP地址的分类

② 动态分配：由DHCP（动态主机配置协议）服务器分配IP地址和其他网络参数，且IP地址一般不固定。动态分配IP地址的优点是配置和修改工作量小、便于统一管理。

注意：服务器必须使用静态 IP 地址。

2．域名

为了使 IP 地址便于用户使用，同时也易于管理和维护，Internet 通过所谓的域名管理系统 DNS（Domain Name System）对每一个 IP 地址指定一个（或几个）容易识别的名称，该名称就是域名。通过这个域名与 IP 地址的对照表可比较直观、容易地识别网络上的计算机。

DNS 采用分层的命名方法，对网络上的每台计算机赋予一个直观的唯一性域名，其结构如下：

计算机名.组织机构名.网络名.最高层域名.

最高层域名代表建立网络的部门、机构或网络所隶属的国家、地区。常见的网络名或最高层域名如表 2.1 所示。

例如，IP 地址 202.204.60.11 对应的域名 WWW.USTB.EDU.CN 为中国（CN）教育网（EDU）上北京科技大学（USTB）的一台名为 WWW 的计算机，它实际上是北京科技大学校园网的 WWW 服务器。

表 2.1　常见的顶级域名及其含义

组织模式顶级域名	含　义	地理模式顶级域名	含　义
Com	商业组织	cn	中国
Edu	教育机构	hk	中国香港
Gov	政府部门	mo	中国澳门
Mil	军事部门	tw	台湾
Net	主要网络支持中心	us	美国
Org	上述以外的组织	uk	英国
Int	国际组织	jp	日本

2.1.7　计算机病毒

计算机病毒是指编制或在计算机程序中插入的破坏计算机功能或毁坏数据，影响计算机使用，并能自我复制的一组计算机指令或程序代码。

计算机病毒一般具有寄生性、破坏性、传染性、潜伏性和隐蔽性等特性。

按计算机病毒的感染方式，计算机病毒可分为引导区型病毒、文件型病毒、混合型病毒、宏病毒和 Internet 病毒。

目前，计算机病毒主要通过移动存储设备和计算机网络两大途径进行传播。

计算机病毒的危害：产生错误显示，错误动作，计算机创作干扰，删除文件，修改数据，破坏软件系统，使硬件设备发生故障甚至损坏。

计算机感染病毒的常见症状：

（1）磁盘文件数目无故增多。

（2）系统的内存空间明显变小。

（3）文件的日期/时间值被修改成最近的日期或时间（用户自己并没有修改）。

（4）感染病毒后的可执行文件的长度通常会明显增加。

（5）正常情况下可以运行的程序却突然因内存区不足而不能装入。

（6）程序加载时间或程序执行时间比正常时明显变长。

（7）计算机经常出现死机现象或不能正常启动。

任务实施

任务要求

（1）设置网络连接参数，如 IP 地址、子网掩码、默认网关和 DNS 服务器地址。

（2）设置共享文件夹，实现文件共享。

（3）使用共享文件夹。

实施思路

（1）通过网线（或无线）完成物理连接，将小张和李处长的计算机正确接入办公室局域网。

（2）配置网络协议。想要计算机连接局域网除了需要完成物理连接外，还要安装与配置网络协议。目前，Internet 上应用最广泛的网络协议是 TCP/IP 协议。TCP/IP 协议一般在操作系统安装时已经默认安装到计算机了。因此，我们只需要配置 TCP/IP 协议的运行参数即可，它们分别是 IP 地址、子网掩码、默认网关与 DNS 服务器地址。这些参数可以向局域网的网络管理员申请获得。

假设从管理员那获得的网络参数是，IP 地址为"172.16.100.100"，子网掩码为"255.255.255.0"，默认网关为"172.16.100.254"，DNS 服务器的 IP 地址为"58.20.127.170"和"222.246.129.80"，设置步骤如下所示。

① 打开"本地连接"属性对话框。打开控制面板，依次单击"网络和 Internet"→"网络和共享中心"，选择窗口左边的"更改适配器设置"，右击"本地连接"，在弹出的快捷菜单中选择"属性"，进入"本地连接属性"对话框；或者单击右下角状态栏的图标，在弹出的对话框中选择"打开网络和共享中心"，选择窗口左边的"更改适配器设置"，右击"本地连接"，在弹出的快捷菜单中选择"属性"，进入"本地连接属性"对话框。

② 配置 IP 地址等网络参数。选择"Internet 协议版本 4（TCP/IPv4）"，再单击"属性"按钮，进入"Internet 协议版本 4（TCP/IPv4）"属性对话框。在"Internet 协议版本 4（TCP/IPv4）"属性对话框中，选择"使用下面的 IP 地址"，在"IP 地址"框中输入"172.16.100.100"，在"子网掩码"框中输入"255.255.255.0"，在"首选 DNS"框中输入"58.20.127.170"，在"备用 DNS"框中输入"222.246.129.80"，然后单击"确定"按钮，依次关闭各对话框完成 IP 地址的设置。

注意：也可选择"自动获得 IP 地址"和"自动获得 DNS 地址"，但 IP 地址等参数由网络管理员事先配置并设置好。

③ 选择需要共享的磁盘分区或文件夹，单击右键，在弹出的快捷菜单中选择"属性"选项，弹出"图片属性"对话框，选择"共享"选项卡，单击"高级共享"按钮，如图 2.5 所示。

接下来，在出现的对话框中单击"共享此文件夹"及其相关参数，还可设置相应的权限，单击"确定"按钮即可，至此共享文件夹的设置完毕。

④ 使用共享。一旦局域网内的某台计算机设置了共享，其他主机就可以共享该资源。明确共享文件存放的位置后，打开"控制面板"→"网络和 Internet"→"查

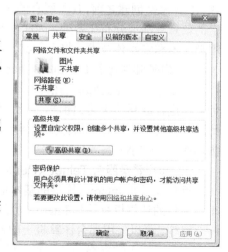

图 2.5　共享文件夹的设置

看网络计算机和设备"→找到相应的计算机或设备名称，就可查看该共享文件夹下的文件了。也可以直接执行"开始"菜单中的"运行"命令，在弹出的对话框中输入"\\主机名\共享文件夹名"。

任务2　使用因特网

任务描述

辅导员刘老师给信息安全 1401 班的同学布置了一个课后作业，要求大家写一份关于大学规划的计划书，要求同学们写完后，将电子稿发给学习委员小王同学，再由小王同学将收集到的文件打包后以附件的形式通过电子邮件发到刘老师的 126 邮箱中。那么小王需要登录邮箱发送邮件，他应该如何操作？

任务分析

小王需要使用浏览器或 Outlook Express 进行电子邮件的收发，因此小王需要掌握常见的 Internet 的使用，如使用浏览器浏览网页、使用电子邮件系统进行邮件的收发，除此之外，还要学会使用搜索引擎查找网络资源及利用网络进行网络资源的上传和下载等。

知识准备

Internet 的全称是 Inter Network，译为"国际网"，也可以音译为"因特网"。它是世界最大的网络，是一个全球性的信息系统；它是基于 Internet 协议（IP）的一个由地址空间逻辑连接而成的信息系统；它通过使用 TCP/IP 协议组及其补充部分或其他高级 IP 兼容协议支持通信；它公开或非公开地提供使用或访问存放于通信和相关基础机构的高级别服务。

2.2.1　Internet 的主要功能及服务

1. 万维网 WWW（World Wide Web）

WWW 的中文译名为万维网或环球网。WWW 的创建是为了解决 Internet 上的信息传递问题，在 WWW 创建之前，几乎所有的信息发布都是通过 E-mail、FTP 和 Telnet 等。但由于 Internet 上的信息散乱地分布在各处，因此除非知道所需信息的位置，否则无法对信息进行搜索。它采用超文本和多媒体技术，将不同文件通过关键字建立链接，提供一种交叉式查询方式。

2. 电子邮件服务 E-mail（Electronic Mail）

电子邮件好比是邮局的信件一样，不过它的不同之处在于，电子邮件是通过 Internet 与其他用户进行联系的快速、简洁、高效、价廉的现代化通信手段。而且它有很多的优点，如 E-mail 比通过传统的邮局邮寄信件要快得多，同时在不出现黑客蓄意破坏的情况下，信件的丢失率和损坏率也非常小。

3. 远程登录服务 Telnet（Remote Login）

远程登录是 Internet 提供的基本信息服务之一，是提供远程连接服务的终端仿真协议。它可以使你的计算机登录到 Internet 上的另一台计算机上。你的计算机就成为你所登录计算机的一个终端，可以使用那台计算机上的资源，如打印机和磁盘设备等。Telnet 提供了大量的命令，这些命令可用于建立终端与远程主机的交互式对话，可使本地用户执行远程主机的命令。

4．文件传送服务 FTP

FTP 允许用户在计算机之间传送文件，并且文件的类型不限，可以是文本文件，也可以是二进制可执行文件、声音文件、图像文件、数据压缩文件等。FTP 是一种实时的联机服务，在进行工作前必须首先登录到对方的计算机上，登录后才能进行文件的搜索和文件传送的有关操作。普通的 FTP 服务需要在登录时提供相应的用户名和口令，当用户不知道对方计算机的用户名和口令时就无法使用 FTP 服务。为此，一些信息服务机构为了方便 Internet 的用户通过网络使用他们公开发布的信息，提供了一种"匿名 FTP 服务"。

5．电子公告板系统（BBS）

BBS，全称"电子公告板系统"（Bulletin Board System），它是 Internet 上著名的信息服务系统之一，发展非常迅速，几乎遍及整个 Internet，因为它提供的信息服务涉及的主题相当广泛，如科学研究、时事评论等各个方面，世界各地的人们可以开展讨论、交流思想、寻求帮助。BBS 站为用户开辟一块展示"公告"信息的公用存储空间作为"公告板"。这就像现实生活中的公告板一样，用户在这里可以围绕某一主题开展持续不断的讨论，可以把自己参加讨论的文字"张贴"在公告板上，或者从中读取其他人"张贴"的信息。电子公告板的好处是可以由用户来"订阅"，每条信息也能像电子邮件一样被复制和转发。

6．信息查询服务

由于 Internet 上的信息资源非常丰富，往往使用户感到无从下手，Internet 提供了在数台计算机上查找所需信息的工具。搜索引擎是一种十分便捷的查询系统，搜索引擎主要是通过对网络上的信息进行索引并整理后呈现给用户。

搜索引擎指自动从因特网搜集信息，经过一定整理以后，提供给用户进行查询的系统。因特网上的信息浩瀚万千，而且毫无秩序，所有的信息像汪洋上的一个个小岛，网页链接是这些小岛之间纵横交错的桥梁，而搜索引擎，则为用户绘制一幅一目了然的信息地图，供用户随时查阅。常用的搜索引擎有谷歌、雅虎、百度、搜搜等。

7．娱乐和会话

Internet 不仅可以让你同世界上所有的 Internet 用户进行实时通话，而且还可以参与各种游戏，或者同远在数千里之外的不认识的人对弈，或者参与联网大战，等等。

2.2.2　浏览器基础

1．浏览器

浏览器是一种客户端软件，能够把 HTML 描述的信息转换成用户可以看懂的网页界面的形式，用于浏览万维网的网页；同时，还可以把用户请求转换为网络计算机可以识别的命令。

浏览器的种类很多，目前国内比较常用的 Web 浏览器有微软公司的 Internet Explorer（IE）、360 浏览器、百度浏览器和腾讯浏览器等。本书将以 IE 浏览器为例进行介绍。

2．万维网

万维网（World Wide Web，WWW），是环球信息网的缩写，也作"Web""WWW""3W"。它以超文本标记语言（Hyper Text MarkupLanguage，HTML）与超文本传输协议 HTTP 为基础，能够以友好的接口提供 Internet 信息查询服务。这些信息资源分布在全球数以亿万计的万维网服务器（或称 Web 站点）上，并由提供信息的网站进行管理和更新。用户通过浏览器浏览 Web 网站上的信息，并可单击标记为"超链接"的文本或图形，转换到世界各地的其他 Web 网站，访问丰富的网络信息资源。

3．Web 页

Web 页面也称网页，是 WWW 服务的基础，WWW 服务提供的信息全部以超文本的方式组成一个个网页。所有的 WWW 服务都是由许多 Web 站点（或称为网站）提供的，每个 Web 站点的信息都由许多网页组成。

4．主页

用户在访问网站时总是从一个特定的 Web 页面开始的，即每个 Web 站点的资源都有一个起始点，就像一本书的封面或目录，通常称为站点的主页或首页。

5．超文本和超链接

超文本（Hyper Text）中不仅包括文本信息，而且还可以包含图形、声音、图像和视频等媒体信息，所以称为超文本。超文本还可以包含指向其他网页的链接，称为超链接（Hyper Link）。由超链接指向的网页可以在本地计算机上，也可以在其他远程服务器上。

在一个超文本文件里可以包含多个超链接，这些超链接可以形成一个纵横交错的链接网。用户在阅读时，可以通过单击超链接从一个网页跳转到另一个网页。

6．URL

URL（Uniform Resource Locator）即统一资源定位器，通俗地说，它是用来指出某一项信息所在的具体位置及存取方式。例如，我们要访问某个网站，在 IE 浏览器或其他浏览器的地址栏中输入的地址就是 URL，如 http://www.microsoft.com:23/exploring/ exploring.html。

2.2.3　搜索引擎

搜索引擎（Search Engine）是指根据一定的策略、运用特定的计算机程序从互联网上搜集信息，在对信息进行组织和处理后为用户提供检索服务，将用户检索的相关信息展示给用户的系统。从使用者的角度看，搜索引擎为用户提供了一个查找 Internet 上信息内容的入口，查找的信息内容包括网页、图片、视频、地图等其他类型的文档。

搜索引擎预先收集 Internet 上的信息，并对收集的信息进行组织、整理和索引，建立索引数据库。当用户搜集某项内容的时候，所有在数据库中保存的相关的网络信息都将被搜索出来，再按照某种算法进行排序后，将链接作为搜索结果呈现给用户，这就是搜索引擎的工作方式。搜索引擎包括全文索引、目录索引、元搜索引擎、垂直搜索引擎、集合式搜索引擎、门户搜索引擎与免费链接列表等。

一般的搜索引擎都支持关键词简单搜索和高级搜索两种搜索方式。下面我们以百度搜索引擎为例进行介绍。

1．简单搜索

在搜索引擎的首页（如百度）文本框中输入搜索词，单击"百度一下"按钮或按【Enter】键即可执行搜索获得搜索结果。系统默认在网页中搜索，如需在新闻、贴吧、知道、MP3、图片等其他信息中搜索，则需先单击文本框上方相应的类别，再输入搜索词搜索。

同许多搜索引擎一样，当直接在文本框中输入搜索词时，百度默认进行模糊搜索，并能对长短语或词句进行自动拆分成小的词进行搜索，如输入"市场研究报告"，自动拆分成"市场研究""市场""研究报告"等。

百度忽略英文字母大小写，有拼音提示、错别字提示等功能，并支持各类搜索语法。

（1）支持用双引号、书名号实现精确搜索，如输入"市场研究报告"，则"市场研究报告"作为一个整体搜索，不可拆分。

（2）支持布尔逻辑搜索，具体用法如表2.2所示，其中A、B、C分别代表3个关键词。

表2.2 布尔逻辑运算在百度中的使用方法

语 法	功 能	表 达 式	操 作 符	说 明	检索式举例
AND（逻辑与）	用于同时搜索两个以上关键词的情形	AB 或 A&B	&、空格	"&"必须是英文半角输入	"计算机网络行业"&"研究报告"
OR（逻辑或）	用于搜索指定关键词中的至少一个	A|B	|	"|"与关键词之间要留有空格	人才|风险
NOT（逻辑非）	用于排除某一指定关键词的搜索	A -B	–	"–"与第一个关键词要有空格，而与第二个关键词不能有空格	"计算机网络行业"&"研究报告" -2010
括号	分组，改变逻辑运行顺序	A&（B|C）	（）	不需要留空格	"计算机网络行业"&"研究报告"&（人才|风险） -2010

（3）支持高级搜索语法，具体用法如表2.3所示。

表2.3 高级搜索语法在百度中的使用方法

语 法	功 能	表 达 式	检索式举例
Filetype	搜索某种指定扩展名格式的文档资料	Filetype：扩展名	宏观经济学 filetype:ppt
Intitle	把搜索范围限定在网页标题中	intitle：关键词	intitle："大学生就业"
Site	把搜索范围限定在特定的站点中	site：域名	信息安全技术 site:chinalab.com
Inurl	把搜索范围限定在URL链接中	inurl：关键词	Photoshop inurl:jiqiao
Related	搜索和指定页面中打开相似的网页	related：网址	related:www.microsoft.com

2. 高级搜索

在百度主页的右上角，单击"设置"按钮下的"高级搜索"按钮即进入高级搜索页面，如图2.6所示。

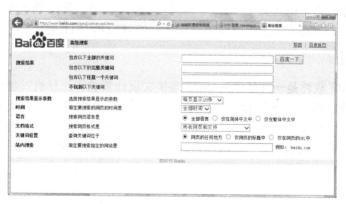

图2.6 百度高级搜索页面

在高级搜索页面，可以通过搜索框和下拉列表来确定搜索条件，除可以对搜索词的内容和匹配方式进行限制外，还可以从日期、语言、文件格式、字词位置、使用权限和搜索特定网页等方面进行搜索条件和搜索范围的限定。

2.2.4 电子邮件

电子邮件（E-mail）是通过电子形式进行信息交换的通信方式，它是 Internet 提供的最早、应用最广泛的服务之一。不同地区、不同国度的人都可以通过电子邮件，方便、快捷地交流联系，相互传递信息。

电子邮件系统主要基于 SMTP 和 POP3 两个协议，其核心是邮件服务器。邮件服务器一般由两部分组成，即 SMTP 服务器和 POP3 服务器。SMTP（Simple Mail Transfer Protocol）即简单邮件传输协议，负责邮件发送；POP3（Post Office Protocol Version 3）即邮件接收协议，负责邮件接收。它们都由性能高、速度快、容量大的计算机承担，该系统内所有邮件的收发都必须经过这两个服务器。

在 Internet 上发送电子邮件，需要 E-mail 地址，用来标识用户在邮件服务器上信箱的位置。一个完整的 Internet 邮件域名地址格式为"用户名@主机名.域名"，如 zhangsan2015@163.com。

2.2.5 文件传输

文件传输主要包括上传和下载。上传是指由本机发送电子数据到远程计算机上的动作。要开始上传动作的话，必须两台计算机间已经连接，并且通过特定的通信协议沟通，如 HTTP、FTP 等。

上传是网络最基础且最重要的活动之一，相对于下载，上传所占据的带宽往往少了数倍，这是因为它通常只是发送和远程计算机沟通时的必要数据而已。不过若忽略上传动作的主动性，上传和下载是同时性的相对动作，如 A 计算机上传一个数据到 B 计算机，则对 B 计算机而言，这个动作其实是下载。因此对担任网络传输核心工作的服务器来说，其所耗费的上传带宽通常会大于下载带宽，和一般用户计算机相反。

上传也可以让用户发送其本机上的电子数据到服务器上，包含文字、图片、音乐、视频等，以供其他人或计算机下载，达到交换信息的目的。

下载是指由远程计算机接收电子数据到本机上的动作，最常见的形式即为"抓文件"。下载是网络最基础且最重要的活动之一，占据了绝大多数的带宽，它让用户可以获取所需要的电子数据并保存在本机上，包含文字、图片、音乐、视频等。要开始下载动作的话，必须两台计算机间已经连接，并且通过特定的通信协议沟通，如 HTTP、FTP 等。

2.2.6 即时通信

即时通信（IM）软件是一种基于 Internet 连接实现计算机和计算机或者计算机与电话机之间进行通信的软件。例如，腾讯 QQ、MSN、IP 电话、NetMeeting 等都支持在线聊天、视频电话、点对点断点续传文件、共享文件、网络硬盘、自定义面板等多种功能。有些还可与移动通信终端相连实现移动通信。用户可以使用这些软件方便、高效地和朋友联系，而这一切都是免费的。

任务3　因特网的简单应用

任务实施

任务要求

（1）使用浏览器浏览网易主页。
（2）利用搜索引擎搜索"雾霾天气的危害"的网页信息。
（3）使用 IE 浏览器和 Outlook Express 收发电子邮件。
（4）文件的上传与下载。

实施思路

2.3.1　浏览器的使用

IE 浏览器是目前市面上最流行的 Web 浏览器，双击桌面上的"Internet Explorer"图标即可打开 IE 浏览器，界面如图 2.7 所示。

图 2.7　IE 浏览器界面

单击工具按钮 ⚙ 时可以发现大多数命令栏功能，如"打印"或"缩放"等；单击"收藏夹"按钮 ☆ 时会在收藏中心显示收藏夹、源和历史记录。

1．浏览网页

在 IE 地址栏中输入网站的 URL，如 http://www.163.com，按"Enter"键后，即可进入网易的主页，如图 2.8 所示。单击主页上的超链接，如"新闻"，用户即可进入网易的新闻主页，可以看到网易提供的新闻标题内容。

2．保存网页或图片

在通过浏览网页获取信息时，可以对一些喜欢的网页进行保存。单击"工具"按钮 ⚙，在弹出的下拉菜单中单击"文件"→"另存为"命令，如图 2.9 所示，弹出"保存网页"对话框，如图 2.10 所示。设置保存位置、文件名和保存类型后，单击"保存"按钮即可。如要保存网页上的某张图片，可直接在需要保存的图片上右击，在弹出的快捷菜单中选择"图片另存为…"，选择好图片保存的位置和文件名等，可完成图片的保存。

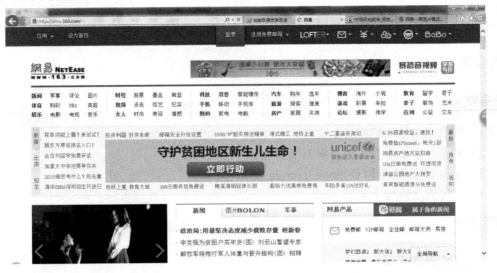

图 2.8　网易首页

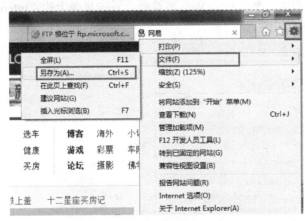

图 2.9　工具菜单

图 2.10　保存网页

3．使用和管理收藏夹

在使用浏览器浏览网页的过程中，如果认为某个网页比较重要，需要经常访问，可将其保存在 IE 浏览器的收藏夹中。下次要访问该网页时可直接从收藏夹中调出，而不需要重新在地址栏中输入网址了。

将一个网页地址添加到收藏夹的方法有两种：

（1）在要收藏的 Web 页面中，选择"收藏"→"添加到收藏夹"命令。

（2）在主页的空白处右击，在弹出的快捷菜单中选择"添加到收藏夹"命令。

在弹出的"添加收藏"对话框的"名称"框中输入收藏网页的名称，在"创建位置"下拉列表框中选择添加收藏的位置，或者单击"新建文件夹"按钮，将当前正在浏览的网页收藏在新的收藏子文件夹中。

当收藏夹中的内容太多时，可以使用整理收藏夹功能，将不同类别的网页链接放在不同的子收藏夹中。

选择"收藏"→"整理收藏夹"命令，就可以对收藏夹进行整理，包括创建多个文件夹，将不同类型的网页地址添加到不同的文件夹中，还可以实现文件的重命名、同一文件夹中的删除和不同文件夹之间的移动。

2.3.2　信息搜索

常用的引擎有：

Google 中文：https://www.google.com.hk/

百度搜索：http://www.baidu.com

雅虎搜索：http://www.yahoo.cn

搜狗搜索：http://www.sogou.com

必应中文：http://cn.bing.com

下面我们以百度为例介绍搜索引擎的使用。

1．基本搜索

（1）在 IE 浏览器中打开百度的主页（www.baidu.com），在搜索栏中输入关键词"雾霾天气的危害"，如图 2.11 所示。

图 2.11　百度主页

（2）单击"百度一下"按钮，显示如图2.12所示的搜索结果页。单击某一链接可以阅读相关信息。

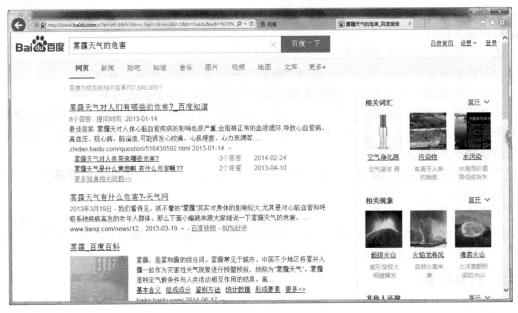

图2.12　搜索结果

（3）如果要搜索图片或视频，可以在百度主页上单击"图片"或"视频"选项，搜索结果即为图片或视频。

2．高级搜索

在百度主页的右上角，单击"设置"按钮下的"高级搜索"按钮即进入高级搜索页面。

（1）在"高级搜索"页面中的"包含以下全部的关键词"文本框中输入"雾霾天气的危害"，在"关键词位置"中选择"仅网页的标题中"，如图2.13所示。单击"百度一下"按钮，可以将网页标题中的"雾霾天气的危害"作为一个整体进行搜索，搜索结果如图2.14所示。

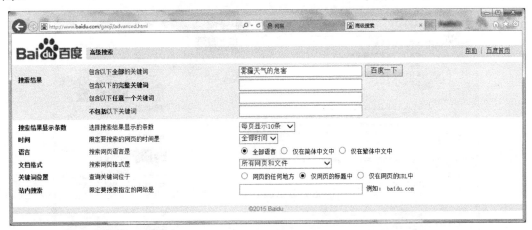

图2.13　百度高级搜索条件

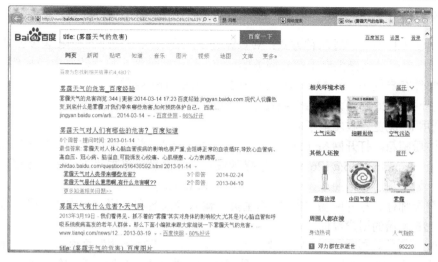

图 2.14　搜索结果

（2）在"高级搜索"页面中的"包含以下全部的关键词"文本框中输入"雾霾天气"，在"不包括以下关键词"文本框中输入"危害"，如图 2.15 所示。单击"百度一下"按钮，可以搜索包含"雾霾天气"但不包含"危害"的网页，搜索结果如图 2.16 所示。

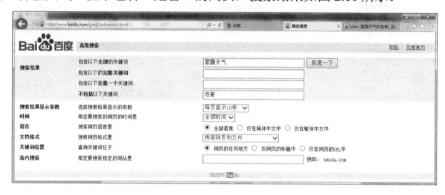

图 2.15　高级搜索条件

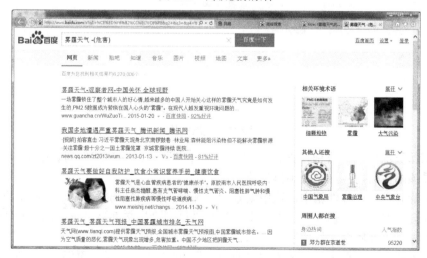

图 2.16　搜索结果

2.3.3 收发电子邮件

使用电子邮件主要通过两种方式：WWW方式和邮件客户程序。使用WWW方式收发电子邮件，首先要登录到提供电子邮件服务的站点。使用邮件客户程序收发电子邮件，需要在用户上安装邮件客户程序，如Microsoft公司的Outlook Express等。

下面以网易126邮箱为例，介绍使用WWW方式收发邮件的方法。

1. 利用IE浏览器收发电子邮件

（1）注册邮箱。打开网易126主页（www.126.com），单击主页上的"注册"按钮，如注册邮箱地址zhangsan2015@126.com，按提示填写注册信息，单击"下一步"按钮并单击"提交"按钮，如果注册申请通过，会显示申请电子邮箱成功的消息。

（2）登录邮件。打开网易126邮箱主页，输入登录名和密码，单击"登录"按钮，便可进入网易126邮箱的用户界面。

（3）收发邮件。单击邮箱中的"写信"按钮，打开"写邮件"页面，输入收件人邮箱地址、主题及邮件内容，如果要随信附上文件或图片，单击"添加附件"按钮，选择要发送的文件，单击"确定"按钮，附件上传完毕后，单击"发送"按钮即可。如果要给多人发送电子邮件，在收件人栏中输入所有收件人的邮箱地址，以英文半角的"；"分隔，完成后如图2.17所示。

图2.17 发送邮件

单击邮箱页面中的"收信"按钮，弹出"收件夹"页面，在邮件列表中单击相应的邮件就可以查看该邮件的内容，此处不再详述。

（4）删除邮件。在收件箱中，选中要删除的邮件左侧的复选框，单击页面上方的"删除"按钮，邮件会被移至"已删除"文件夹中。打开"已删除"文件夹，选中邮件右侧的复选框，单击页面上方的"彻底删除"按钮，可以将邮件彻底删除。

（5）管理联系人。单击邮箱上方的"通信录"，进入"通信录"页面，可以对联系人进行添加、删除、分组等操作。

2．利用 Outlook Express 收发电子邮件

（1）Outlook 的基本设置。

① 单击"开始"→"Microsoft Office"→"Microsoft Outlook 2010"，打开 Outlook 2010，如图 2.18 所示。

②单击"文件"选项卡中的"添加账户"按钮，打开"添加账户"对话框，选择"电子邮件账户"，弹出"自动账户设置"对话框，根据提示进行操作即可，如图 2.19 所示。

图 2.18　Outlook 2010 窗口

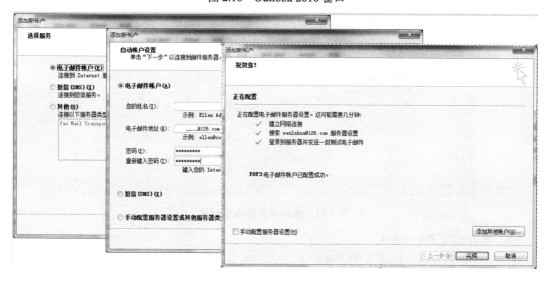

图 2.19　添加新账户

（2）撰写并发送邮件。

① 在"开始"选项卡的"新建"组中，单击"新建电子邮件"按钮，在弹出的"撰写新邮件"窗口中分别输入收件人、抄送、主题和邮件内容。如果要随信发送文件，在"邮件"选

项卡的"添加"组中，单击"添加文件"按钮，打开"插入文件"对话框，选择要插入的文件，单击"确定"按钮，即可添加附件。

② 如果不希望多个收件人看到这封邮件都发给了谁，可以采取密件抄送的方式。在撰写邮件窗口中，单击"抄送"按钮，弹出"选择姓名：联系人"对话框，在密件抄送框中输入邮件地址，或者从联系人中选择邮件地址添加到密件抄送列表中，单击"确定"按钮，如图 2.20 所示。

③ 单击"发送"按钮，即可发送邮件，如图 2.21 所示。

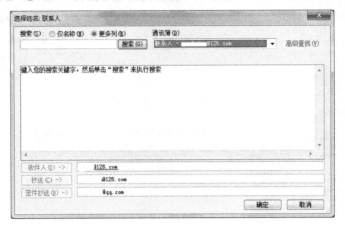

图 2.20　选择密件抄送邮件地址

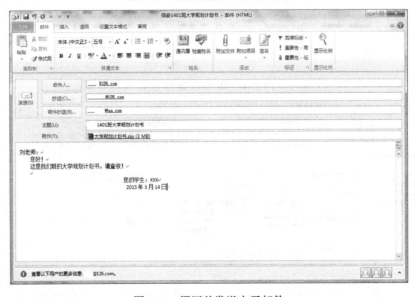

图 2.21　撰写并发送电子邮件

（3）接收和阅读电子邮件。

① 在"接收/发送"选项卡的"接收和发送"组中，单击"接入/发送所有文件夹"按钮，可以接收邮件。

② 单击窗口左侧的"收件箱"按钮，窗口中部出现邮件列表区，右侧出现邮件预览区，可以阅读邮件，如图 2.22 所示。双击邮件列表区的邮件，也会弹出阅读邮件窗口。

图 2.22　阅读邮件

③ 如果邮件中带有附件，单击附件名称，可以在 Outlook 中预览该附件的内容。同时，通过工具栏中的"附件工具"的"附件"选项卡，可以对附件进行打开、保存、删除等操作，如图 2.23 所示。

图 2.23　"附件"选项卡

（4）回复与转发邮件。在邮件阅读窗口中单击"邮件"选项卡上的"答复"或"转发"按钮，进入与撰写邮件类似的窗口，修改相应内容后单击"发送"按钮，即可回复或转发邮件。

2.3.4　文件的上传与下载

1．利用 IE 浏览器下载文件

因特网上的每一个超链接都指向一个资源，可以是一个 Web 页面，也可以是声音文件、视频文件、压缩文件等。通过 IE 浏览器，可以下载保存这些资源。具体步骤如下：

（1）在 IE 中打开百度搜索引擎，输入关键字搜索相关网页。

（2）在显示的众多搜索结果网页中，标记为"PPT"、"DOC"或"PDF"的超链接中的文件可以单独下载。单击选中的超链接，IE 自动将文件下载到 IE 的目的文件夹中。

2．利用 IE 进行 FTP 文件下载

文件传输协议（File Transfer Protocol，FTP）是因特网上用来传送文件的协议。使用 FTP 协议，可以将文件从因特网上的一台计算机传送到另一台计算机，不受它们所处的位置、采用的连接方式和操作系统的影响。

IE 浏览器带有 FTP 程序模块，利用 IE 进行 FTP 文件下载的步骤如下：

（1）打开 IE 浏览器，在浏览器地址栏中输入要访问的 FTP 站点地址。由于要浏览的是 FTP 站点，所以 URL 的协议部分应键入 ftp，格式如 ftp://ftp.abc.com。如果要访问域名为 ftp.microsoft.com 的 FTP 服务器，可以在地址栏输入"ftp://ftp.microsoft.com/"，当连接成功后，浏览器界面显示该服务器的文件夹和文件名列表，如图 2.24 所示。

图 2.24　浏览 FTP 服务器

（2）如果该站点为非匿名站点，则按 IE 提示输入用户名和密码；如果该站点为匿名站点，IE 会自动匿名登录；如果无法自动登录，则用户名采用"anonymous"，密码为用户的 E-mail 地址。

（3）在打开的 FTP 界面中查找需要的资源链接，单击该链接进行浏览。

（4）在需要的链接上右击，选择"目标另存为"命令进行下载和保存。

3. 使用下载软件

利用 IE 浏览器下载文件虽然简单易行，但是传输速度较慢，文件管理不方便，一旦网络线路中断或主机出现故障，用户只能重新下载。而下载软件一般都具有断点续传能力，允许用户从上次断线的地方继续传输，这样大大减少了用户等待的时间。常用的下载软件有 FlashGet（网际快车）、BitComet（BT 下载）、CuteFTP（FTP 上传下载）等。由于篇幅有限，关于这些软件的使用，此处不再赘述。

项目考核

一、选择题

1. 在浏览 Web 网站的过程中，如果发现自己喜欢的网页并希望以后多次访问，应当把这个页面（　　　）。

　　A. 用 Word 保存　　　B. 建立浏览　　　　C. 建立地址簿　　　D. 放到收藏夹中

2. 在下列有关电子邮件（Email）的叙述中，错误的是（　　　）。

　　A. 电子邮件可以带附件

　　B. E-mail 地址具有特定的格式："<邮箱名>"@"<邮件服务器域名>"

　　C. 目前邮件发送时一般采用 POP3 协议，接收时采用 SMTP 协议

　　D. 用 Outlook 收发电子邮件之前，必须先进行邮件账户的设置。

3. E-mail 地址中"@"的含义为（　　　）。

　　A. 与　　　　　　　B. 或　　　　　　　C. 在　　　　　　　D. 和

4. 成本低、应用广泛但覆盖范围有限的网络是（　　　）。

　　A. Internet　　　　　B. WAN　　　　　C. FAN　　　　　D. LAN

5. 在搜索引擎中搜索计算机网络中的互联设备"路由器",最合适的查询条件为(　　　)。

　　A. 计算机网络 路由器　　　　　　　B. 计算机网络+路由器

　　C. 计算机网络−路由器　　　　　　　D. 计算机网络/路由器

6. 想给某人通过 E-mail 发送某个小文件时,你必须(　　　)。

　　A. 在主题上写含有小文件

　　B. 把这个小文件"复制"一下,粘贴在邮件内容里

　　C. 无法办到

　　D. 使用粘贴附件功能,通过粘贴上传附件完成

7. 下列专用于浏览网页的应用软件是 (　　　)。

　　A. Word　　　　　　　　　　　　　B. Internet Explorer

　　C. Outlook Express　　　　　　　　D. Frontpage

8. 下列各项不能作为域名的是 (　　　)。

　　A. www.ccs.com　　　　　　　　　B. wwwm,cnc.com.cn

　　C. www.num-1.edu.cn　　　　　　　D. www.redcross.org

9. BBS 的英文全称是 (　　　)。

　　A. Bulletin Board System　　　　　　B. Board Bulletin System

　　C. Board about Say　　　　　　　　D. Bulletin about Say

10. www.pku.edu.cn 是中国的一个(　　　)站点。

　　A. 教育部门　　　　B. 工商部门　　　　C. 军事部门　　　　D. 非营利性组织

11. 当电子邮件在发送过程中有误时,则 (　　　)。

　　A. 电子邮件服务器将自动将有误的邮件删除

　　B. 邮件将丢失

　　C. 电子邮件服务器会将原邮件退回,并给出不能寄达的原因

　　D. 电子邮件服务器会将原邮件退回,但不给出不能寄达的原因

12. 下列 E-mail 地址格式不合法的是 (　　　)。

　　A. Lihong@sina.com.cn　　　　　　B. Ke@163.com

　　C. weiwei%126.com　　　　　　　　D. Xu_JJn@edu.com

13. FTP 的含义就是 (　　　)。

　　A. 高级程序设计语言　　　　　　　B. 域名

　　C. 文件传输协议　　　　　　　　　D. 网址

14. 目前在企业内部网与外部网之间,检查网络传送的数据是否对网络安全构成威胁的主要设备是 (　　　)。

　　A. 路由器　　　　B. 防火墙　　　　C. 交换机　　　　D. 网关

15. 接入 Internet 并且支持 FTP 协议的两台计算机,对于它们之间的文件传输,下列说法正确的是 (　　　)。

　　A. 只能传输文本文件　　　　　　　B. 不能传输压缩文件

　　C. 所有文件均能传输　　　　　　　D. 只能传输电子邮件

16. 使用 FTP 下载文件时,不需要知道的是 (　　　)。

A. 文件存放的服务器名称和目录名称　　B. 文件的名称和内容

C. 文件格式　　　　　　　　　　　　　D. 文件所在服务器的距离

17. Outlook Express 中，设置唯一的电子邮箱账号：kao@sina.com，现发送一封电子邮件到 shi@sina.com，在发送完成后（　　　）。

A. 发件箱中有 kao@sina.com 的邮件

B. 发件箱中有 shi@sina.com 的邮件

C. 已发送箱中有 kao@sina.com 的邮件

D. 已发送箱中有 shi@sina.com 的邮件

18. 网络的主要作用是（　　　）。

A. 电子邮件　　　　B. 资源共享　　　　C. 网上游戏　　　　D. 网上聊天

19. 在 IP 协议中，IP 地址共分为（　　　）类。

A. 3　　　　　　　　B. 4　　　　　　　　C. 5　　　　　　　　D. 6

20. Internet 使用的互联网协议是（　　　）。

A. IPX　　　　　　　B. IP 协议　　　　　C. AppleTalk 协议　　D. NetBUIT 协议

二、简答题

1. 什么是计算机网络？它由哪些部分组成？其主要功能是什么？

2. 计算机网络有哪些分类？

3. 目前常见的局域网有哪些类型？

4. IP 地址由几部分组成？各有什么意义？

5. TCP/IP 协议共分几层，每层的主要作用是什么？

6. 目前比较常见的接入 Internet 的方式有哪几种？试举例说明。

7. Internet 提供了哪些服务？如何使用这些服务？

8. 什么是计算机病毒？它有什么特点和危害？

三、思考与练习

1. 创建一个家庭组，将自己的图片在家庭组中共享。

2. 观察自己家里是如何接入 Internet 的？查找资料分析是否有其他的接入方式？如果家里有三台计算机，怎样让所有计算机都连入 Internet？

3. 将你的计算机上的 IE 浏览器进行如下设置：将 www.hnvist.cn 设置为主页，在退出 IE 时自动删除浏览网页产生的临时文件、历史记录等，在当前窗口的新选项卡中打开其他程序连接。

4. 整理你的计算机上的网页收藏夹。

5. 利用百度搜索引擎，搜索有关物联网技术发展的资料，并下载有代表性的网站、图片、论文、演示文稿各一篇。

6. 申请并开通自己的电子邮箱。

7. 体验即时通信软件的使用。

8. 下载并使用 360 杀毒软件。

项目三

操作系统的使用 Windows 7

项目介绍

从人们日常工作及家庭娱乐常用的个人计算机到科学研究使用的功能强大的巨型计算机，每台计算机都配有各自的操作系统，可以说操作系统已经成为现代计算机系统不可分割的重要组成部分。本项目主要介绍操作系统的基本概念、功能，并以 Windows 7 操作系统为基础讲解操作系统的基本操作和应用。

任务安排

任务 1　认识 Windows 7
任务 2　文件管理
任务 3　控制面板的设置

学习目标

◇ 理解操作系统的概念、功能
◇ 熟悉 Windows 7 操作系统桌面环境及基本操作对象的操作
◇ 会添加输入法
◇ 熟练掌握文件与文件夹的管理方法
◇ 掌握应用"控制面板"管理 Windows 7 操作系统

认识 Windows 7

任务 1　认识 Windows 7

任务描述

小王同学是校学生会的新成员，负责学生会办公室文件管理方面的工作。办公室配置了一台计算机，已经安装了 Windows 7 操作系统，由于小王对新系统不熟悉，所以他准备熟悉操作系统的基本概念及 Windows 7 系统界面，掌握启动和退出 Windows 7 的方法和用户界面元素及其操作。

任务分析

应用计算机处理各项事务、进行人机对话的基本平台是操作系统，在这个平台上可以进行网上办公、处理公文、数据统计、编辑图像、设计广告、制作动画、编辑影视等。应用、管理、维护操作系统平台是现代各工作岗位最基本的要求。本任务要求熟悉计算机操作系统的概念及 Windows 7 启动关闭、Windows 7 桌面、基本操作对象（窗口、对话框、菜单）的操作，以及添加输入法的方法。

知识准备

3.1.1　Windows 7 操作系统

1. 操作系统

操作系统是管理计算机软、硬件资源的一个平台，没有操作系统的计算机是无法正常运行的。在计算机发展史上，出现过许多不同的操作系统，目前大多数人知晓的主要有 4 种：DOS、Windows、Linux、UNIX。当然，还有用于小型设备（如手机、掌上电脑、游戏机等）的嵌入式操作系统。

2. Windows 操作系统

Windows 操作系统是一款由美国微软公司开发的窗口化操作系统，是目前世界上使用最广泛的操作系统之一。Windows 采用了 GUI 图形化操作模式，比起从前的指令操作系统更为人性化、操作更方便。

Windows 原意是"窗户""视窗"的意思，"视窗"系统，使计算机的应用更直接、更亲密、更易用。微软公司第一款图形用户界面 Windows 1.0 的发布时间是 1985 年 11 月，其后家族不断壮大，2012 年 10 月 26 日微软正式推出 Windows 8。Windows 操作系统家族如图 3.1 所示。

3. Windows 7 简介

Windows 7 是由微软公司开发的操作系统，其核心版本号为 Windows NT 6.1。Windows 7 可供家庭及商业工作环境、笔记本电脑、平板电脑、多媒体中心等使用。2009 年 10 月 22 日微软正式发布 Windows 7 操作系统，2014 年微软已取消 Windows XP 的所有技术支持，Windows 7 是 Windows XP 的继承者。

Windows家族				
早期版本	For DOS	· Windows 1.0（1985） · Windows 3.0（1990）	· Windows 2.0（1987） · Windows 3.1（1992）	· Windows 2.1（1988） · Windows 3.2（1994）
	Win 9x	· Windows 95（1995） · Windows Me（2000）	· Windows 98（1998）	· Windows 98 SE（1999）
NT系列	早期版本	· Windows NT 3.1（1993） · Windows NT 4.0（1996）	· Windows NT 3.5（1994） · Windows 2000（2000）	· Windows NT 3.51（1995）
	客户端	· Windows XP（2001） · Windows 8（2011）	· Windows Vista（2005）	· Windows 7（2009）
	服务器	· Windows Server 2003（2003） · Windows Home Server（2008） · Windows Small Business Server（2011）		· Windows Server 2008（2008） · Windows HPC Server 2008（2010） · Windows Essential Business Server
	特别版本	· Windows PE · Windows Fundamentals for Legacy PCs		· Windows Azure
嵌入式系统		· Windows CE	· Windows Mobile	· Windows Phone（2010）

图 3.1　Windows 操作系统家族

Windows 7 是微软操作系统一次重大的创新，它有着更华丽的视觉效果，在功能、安全性、软硬件的兼容性、个性化、可操作性、功耗等方面都有很大的改进，是未来几年内微机操作系统的主流。Windows 7 用的是 Vista 内核，可以说是一个改进版的 Vista，正因为改进，所以无论是速度、稳定性，还是兼容性都比 Vista 要好。其主要新特性有无限应用程序、实时缩略图预览、增强视觉体验、高级网络支持（ad-hoc 无线网络和互联网连接支持 ICS）、移动中心（Mobility Center）。Windows 7 包含 6 个版本，即 Windows 7 Starter（初级版）、Windows 7 Home Basic（家庭普通版）、Windows 7 Home Premium（家庭高级版）、Windows 7 Professional（专业版）、Windows 7 Enterprise（企业版）、Windows 7 Ultimate（旗舰版）。在这 6 个版本中，Windows 7 家庭高级版和 Windows 7 专业版是两大主力版本，前者面向家庭用户，后者针对商业用户。只有家庭普通版、家庭高级版、专业版和旗舰版会出现在零售市场上，且家庭普通版仅供发展中国家和地区。而初级版提供给 OEM 厂商预装在上网本上，企业版则只通过批量授权提供给大企业客户，在功能上和旗舰版几乎完全相同。

另外，32 位版本和 64 位版本没有外观或功能上的区别，但是内在有一点不同。64 位版本支持 16～192GB 内存，而 32 位版本只能支持最大 4GB 内存。目前，所有新的和较新的 CPU 都是 64 位兼容的，可以使用 64 位版本。

3.1.2　Windows 7 系统桌面

Windows 7 具有良好的人机交互界面，与之前的 Windows 系统相比，该系统的界面变化较大，如桌面元素的使用、任务栏的操作、"开始"菜单的运用、窗口的使用等内容。

Windows 7 系统启动完成后，用户看到的界面即 Windows 7 的系统桌面。系统桌面包括桌面图标、桌面背景和任务栏等，如图 3.2 所示。

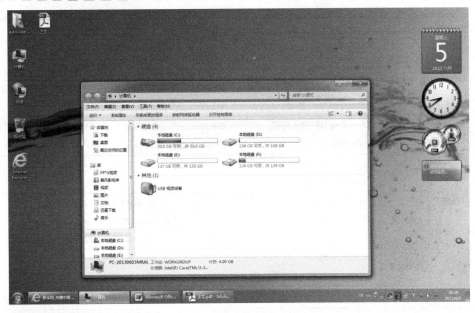

图 3.2　Windows 7 系统桌面

1．桌面图标

桌面上的小型图片称为图标，可视为存储的文件或程序的入口。将鼠标放在图标上，将出现文字，标识其名称、内容、时间等。要打开文件或程序，双击该图标即可。

Windows 7 系统桌面上常用的图标有 5 个，分别是"用户的文件""计算机""网络""Internet Explorer""回收站"，如表 3.1 所示。

表 3.1　5 个常用图标的功能

名　　称	功　　能
用户的文件	用户的个人文件夹。它含有"图片收藏""我的音乐""联系人"等个人文件夹，可用来存放用户日常使用的文件
计算机	显示硬盘、CD-ROM 驱动器和网络驱动器中的内容
网络	显示指向网络中的计算机、打印机和网络上其他资源的快捷方式
Internet Explorer	访问网络共享资源
回收站	存放被删除的文件或文件夹；若有需要，也可还原误删文件

2．"开始"菜单

"开始"菜单可以通过单击"开始"按钮或利用键盘上的 Windows 键来启动，是操作计算机程序、文件夹和系统设置的主通道，方便用户启动各种程序和文档。

"开始"菜单的功能布局如图 3.3 所示。

3．任务栏

进入 Windows 7 系统后，在屏幕底部有一条狭窄条带，称为"任务栏"，如图 3.4 所示。任务栏由 4 个区域组成，分别是"开始"按钮、任务按钮区、通知区域和显示桌面。

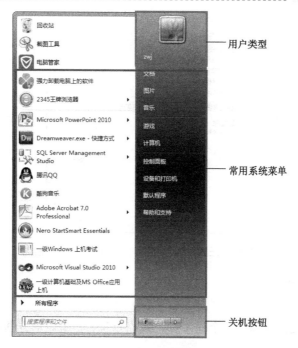

用户类型

常用系统菜单

关机按钮

图 3.3 "开始"菜单

"开始"按钮　　　　　　　　任务按钮区　　　　　　　　　　通知区域　"显示桌面"按钮

图 3.4 任务栏

表 3.2 介绍了任务栏的组成及其功能("开始"按钮略)。

表 3.2 任务栏的组成及其功能

名　　称	功　　能
任务按钮区	任务按钮区主要放置固定任务栏上的程序及正打开的程序和文件的任务按钮,用于快速启动相应的程序,或者在应用程序窗口间切换
通知区域	包括"时间""音量"等系统图标和在后台运行的程序的图标
"显示桌面"按钮	"显示桌面"按钮在任务栏的右侧,是呈半透明状的区域,当鼠标停留在该按钮上时,按钮变亮,所有打开的窗口透明化,鼠标离开后即恢复原状。而当单击该按钮时,所有窗口全部最小化,显示整个桌面,再次单击该按钮,全部窗口还原

Windows 7 任务栏的结构有了全新的设计:任务栏图标去除了文字显示,完全用图标来说明一切;外观上,半透明的 Aero 效果结合不同的配色方案显得更美观;功能上,除保留能在不同程序窗口间切换外,加入了新的功能,使用更方便。

右击任务栏空白区域,选择快捷菜单中的"属性"命令,打开"任务栏和「开始」菜单属性"对话框,可以设定任务栏的显示方式,如图 3.5 所示。

对比以前的操作系统,Windows 7 任务栏将一个程序的多个窗口集中在一起并使用同一个图标来显示,当鼠标停留在任务栏的一个图标上时,将显示动态的应用程序小窗口,可以将鼠标移动到这些小窗口上来显示完整的应用程序界面。

图 3.5　"任务栏和「开始」菜单属性"对话框

3.1.3　基本操作对象

1. 窗口

当用户打开一个文件或运行一个程序时，系统会开启一个矩形方框，这就是 Windows 环境下的窗口。

窗口是 Windows 操作环境中最基本的对象，当用户打开文件、文件夹或启动某个程序时，都会以一个窗口的形式显示在屏幕上。虽然不同的窗口在内容和功能上会有所不同，但大多数窗口都具有很多的共同点和类似的操作。

Windows 7 中的窗口可以分为两种类型：一种是文件夹窗口，另一种是应用程序窗口。文件夹窗口如图 3.6 所示。

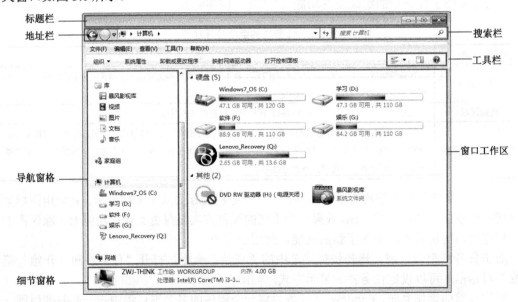

图 3.6　Windows 7 窗口

窗口的基本操作主要有：打开和关闭窗口、调整窗口大小、移动窗口、排列窗口和切换窗口等。窗口的组成与功能如表 3.3 所示。

表 3.3　窗口的组成与功能

名　　称	功　　能
标题栏	显示控制按钮和窗口名称
工具栏	提供了一些基本工具和菜单任务
地址栏	当前工作区域中对象所在位置，即路径
导航窗格	提供树状文件结构列表，从而方便用户迅速地定位所需目标
窗口工作区	显示窗口中的操作对象和操作结果
滚动条	为了帮助用户查看由于窗口过小而未显示的内容。一般位于窗口右侧或下侧，可以用鼠标拖动
细节窗格	显示当前窗口的状态及提示信息

　　Windows 7 加入了窗口的智能缩放功能，当用户使用鼠标将其拖动到显示器的边缘时，窗口即可平行排列。使用鼠标拖动并轻轻晃动窗口，即可隐藏当前不活动的窗口，再次用鼠标晃动窗口后，则会恢复原状。

2．对话框

　　对话框是 Windows 系统的一种特殊窗口，是系统与用户"对话"的窗口，一般包含按钮和各种选项，通过它们可以完成特定命令或任务。

　　不同功能的对话框，在组成上也会不同。一般情况下对话框包含标题栏、选项卡、标签、命令按钮、下拉列表、单选按钮、复选框等。图 3.7 所示为"文件夹选项"对话框。

3．菜单

　　菜单是将命令用列表的形式组织起来，当用户需要执行某种操作时，只要从中选择对应的命令项即可进行操作。

　　Windows 中的菜单包括"开始"菜单、窗口控制菜单、应用程序菜单（下拉菜单）、右键快捷菜单等。在菜单中，常标记有一些符号，表 3.4 介绍了这些符号的名称及含义。

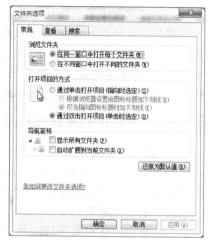

图 3.7　"文件夹选项"对话框

表 3.4　菜单中常用符号的名称及含义

名　　称	含　　义
灰色菜单	表示在当前状态下不能使用
命令后的快捷键	表示可以直接使用该快捷键执行命令
命令后的？	表示该命令有下一层子菜单
命令后的…	表示执行该命令会弹出对话框
命令前的√	表示此命令有两种状态：已执行和未执行。有"√"标识，表示此命令已执行；反之，为未执行
命令前的●	表示一组命令中，有"●"标识的命令当前被选中

任务实施

任务要求

　　（1）Windows 7 的启动和关闭。
　　（2）显示常用的桌面图标及桌面小工具。

（3）添加和删除输入法。

（4）操作窗口、菜单和对话框。

实施思路

3.1.4 Windows 7 的启动和关闭

1. 启动

接通计算机电源，打开显示器开关，再按下主机机箱上的电源按钮启动系统。系统硬件自检后，自动启动计算机系统，这时看到的屏幕画面称为"桌面"。

2. 关闭

关机的步骤如下：

（1）单击"开始"按钮，在打开的"开始"菜单中单击"关机"按钮。

（2）关闭计算机系统。

（3）依次关闭显示器及外设电源。

提示： 当计算机出现比较严重的故障，如键盘和鼠标同时失效时，此时无法使用上述方法关闭或重新启动计算机，可以直接在机箱上找到 Reset 按键，重新启动计算机，也称为"冷启动"。需要注意的是，不要强行使用"冷启动"，因为打开电源开关时，瞬间电流对计算机的冲击很大，反复冲击容易损坏计算机。

3.1.5 显示常用的桌面图标及桌面小工具

1. 显示桌面图标

初次进入 Windows 7 系统时除了显示"回收站"外，其他 4 个图标并未显示在桌面上，为了操作方便，可以通过设置将它们显示出来。操作步骤如下：

（1）右击桌面空白处，在弹出的快捷菜单中选择"个性化"命令。

（2）在个性化设置窗口，单击"更改桌面图标"，如图 3.8 所示。

图 3.8　更改桌面图标

（3）在"桌面图标设置"对话框中，勾选需要添加的常用图标，如图 3.9 所示，单击"确定"按钮，即可完成显示常用图标的操作。

图 3.9　桌面图标设置

2. 桌面小工具

Windows 7 操作系统自带了 11 个实用小工具，能够在桌面上显示 CPU 和内存利用率、日期、时间、新闻条目、股市行情、天气情况等信息，还能进行媒体播放及拼图游戏等。选择添加小工具的方法：在桌面空白处右击，在弹出的快捷菜单中选择"小工具"命令，打开"小工具"的管理界面，可以将需要的工具拖动到桌面的任何位置，如图 3.10 所示。

图 3.10　"小工具"管理界面

3.1.6　安装、添加和删除输入法

1. 添加和删除输入法

Windows 7 中自带了几种汉字输入法，但有的输入法并没有添加到输入法列表中，若想要使用这些输入法，需要将其添加到输入法列表中。另外，对于不常用的输入法，我们可以将其从输入法列表中删除。例如，要将"简体中文双拼"输入法添加到输入法列表中，然后从输入法列表中删除"中文简体-微软拼音 ABC 输入风格"输入法，操作步骤如下：

（1）右击任务栏右侧语言栏中的输入法按钮或单击"选项"按钮，在弹出的快捷菜单中选择"设置"项，如图 3.11 所示。

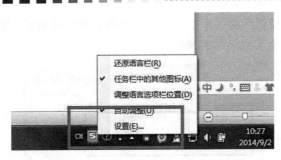

图 3.11　设置输入法

提示：

在右击输入法按钮弹出快捷菜单中选择"还原语言栏"选项，可将语言栏从任务栏中独立出来；若单击独立语言栏右侧的"最小化"按钮，则可重新将语言栏最小化到任务栏中。

（2）弹出"文本服务和输入语言"对话框，在"常规"选项卡中单击"添加"按钮。

（3）弹出"添加输入语言"对话框，向下拖动滚动条，然后勾选"简体中文双拼"复选框，如图 3.12 所示，单击"确定"按钮，返回"文本服务和输入语言"对话框，在"已安装的服务"列表框中可以看到添加的输入法。

（4）在"已安装的服务"列表框中选择"中文简体-微软拼音 ABC 输入风格"项，然后单击"删除"按钮，可以看到所选输入法被删除。设置完毕，单击"确定"按钮。

图 3.12　添加输入法

（5）单击语言栏中的输入法按钮，此时的输入法列表中可以看到新添加的输入法。要使用该输入法，只需要在列表中选择即可。

2．安装输入法

要安装外部输入法，如搜狗拼音输入法，需要先从网上下载该输入法安装程序，然后使用安装普通应用程序的方法进行安装。

3.1.7　操作窗口、菜单和对话框

在 Windows 7 中，任何应用程序都以窗口的形式出现；而对话框是一类特殊的窗口，用

于提供一些参数选项供用户设置。下面通过操作记事本窗口，来了解窗口、窗口菜单和对话框操作。

（1）在桌面上单击鼠标右键，在弹出的浮动菜单中选择"新建"→"文本文档"，即在桌面上建立一个默认文件名为"新建文本文档"的文本文件。双击打开这个文件，即打开了"记事本"程序窗口。

（2）单击"记事本"程序窗口菜单栏中的"文件"主菜单，在弹出的下拉菜单中单击"保存"菜单项，如图3.13所示。菜单栏是分类存放应用程序命令的地方。

（3）弹出"另存为"对话框，在"文件名"编辑框中输入"会议纪要"，单击"保存"按钮，将文档保存在默认的"文档"库中，如图3.14所示。

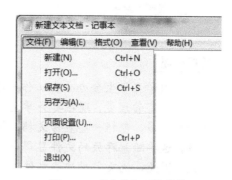

图3.13　"文件"下拉菜单

图3.14　保存记事本文档

（4）单击"记事本"程序窗口右上角的"最小化"按钮，最小化窗口，然后单击任务栏中的记事本图标，将最小化的窗口还原。

（5）单击"记事本"程序窗口右上角的"关闭"按钮，关闭窗口。

拓展训练——小组讨论

（1）列举生活中的例子说明你是怎样理解操作系统的。

（2）Windows 7 的桌面主要包括哪些内容？

（3）举例说明怎样创建、重命名、删除图标。

（4）图标的排列包括哪些方式？

（5）Windows 7 的注销、重新启动、使用睡眠、切换用户、关机操作各有何作用？

（6）怎样在任务栏快速启动中添加"Word"启动图标？

（7）对话框与窗口的标题栏有何不同？

（8）如何打开"画图"程序，画一幅简单的图画，并保存到 D 盘，命名为"图片 1"？

任务 2　文件管理

文件管理

▌任务描述

　　小王同学在学生会办公室工作一段时间了，已经对 Windows 7 操作系统熟悉了不少。小王作为办公室管理员，现在要为学生会制作一个某活动宣传单，从各部门的相关人员处收集来的资料很多，包括一些宣传文档、图片和视频等。但随着工作的不断深入，用到的素材越来越多，这些随意存放的文件显得杂乱无章，有时需要的素材文件又不易找到，这使小王心烦意乱，因此，他决定对这些文件进行有序管理，但对于没有文件管理经验的他来说，又不知如何才能办到。现在，就需要应用 Windows 7 中关于文件管理的知识，帮助小王来分类和管理这些杂乱无章的资料。

▌任务分析

　　本工作任务要求对几个简单的办公文件进行整理。进行文件管理一定要做到两点：首先，要对文件进行分类存放；其次，要对重要的文件做好备份。备份就是把重要的文件复制一份存放在其他地方，以防原文件丢失。为此，提出以下解决方案。

　　（1）以 D 盘为数据盘。注意不要将数据文件存放在 C 盘，因为 C 盘一般作为系统盘，专门用于安装系统程序和各种应用软件。

　　（2）在 D 盘建立多个文件夹，用来存放宣传文档、临时工作等不同类型的文件；文件夹或文件最好用中文命名，做到一目了然。

　　（3）对于重要的文件，如正在制作的宣传单等，每次必须把文件的最新结果复制一份存放在另外一个磁盘或 U 盘中，作为备份文件。

　　（4）在桌面上为经常访问的文件建立快捷方式，以方便使用。

　　（5）经常清理计算机的垃圾文件，定期清理回收站。

▌知识准备

3.2.1　文件

　　计算机中所有的信息（包括文字、数字、图形、图像、声音和视频等）都是以文件形式存放的。文件是一组相关信息的集合，是数据组织的最小单位。

1. 文件的命名

　　每个文件都有文件名，文件名是文件的唯一标记，是存取文件的依据。

　　（1）文件的命名规则。

　　① 在 Windows 7 系统中，文件的名字由主文件名和扩展名组成，格式为"主文件名.扩展名"，主文件名一般代表文件内容的标识，扩展名代表文件的类型。

　　② 文件名最长可以包含 255 个字符。

　　③ 文件名可以由 26 个英文字母、0～9 的数字和一些特殊符号等组成，可以有空格、下画线，但禁止使用/、\、:、、*、、？、、】、<、>、&这 9 个字符，文件名也可以用任意中文命名。

　　④ 文件扩展名一般由多个字符组成，标示了文件的类型，不可随意修改，否则系统将无法识别。

　　（2）通配符。通配符是用在文件名中表示一个或一组文件名的符号。通配符有两种：问号"？"和星号"*"。

① "？"为单位通配符，表示在该位置处可以是一个任意的合法字符。

② "＊"为多位通配符，表示在该位置处可以是若干任意的合法字符。

2．文件的类型

文件的类型由文件的扩展名标识，系统对扩展名与文件类型有特殊的约定，常见的文件类型及其扩展名如表3.5所示。

表3.5　常见的文件类型及其扩展名

扩展名	文件类型	扩展名	文件类型	扩展名	文件类型
*.asc	ASCII 码文件	*.gif	图形文件	*.png	图形文件
*.avi	动画文件	*.hip	帮助文件	*.jpg	图形文件
*.bak	备份文件	*.htm	超文本文件	*.ppt /*.pptx	PowerPoint 演示文稿文件
*.bat	批处理文件	*.html	超文本文件	*.reg	注册表的备份文件
*.bin	DOS 二进制文件	*.ico	Windows 图标文件	*.scr	Windows 屏幕保护程序
*.bmp	位图文件	*.ini	系统配置文件	*.sys	系统文件
*.c	C 语言程序	*.jpg	压缩规格的图形文件	*.tmp	临时文件
*.cpp	C++语言程序	*.lib	编程语言中库文件	*.txt	文本文件
*.dll	Windows 动态链接库	*.mbd	Access 表格文件	*.wav	声音文件
.doc /.docx	Word 文档	*.midi	音频文件	*.wps	WPS 文件、记录文本、表格
*.drv	驱动程序文件	*.mp3	声音文件	*.wma	Windows 媒体文件
*.exe	可执行文件	*.mpeg	VCD 视频文件	*.xls /*.xlsx	Excel 表格文件
*.fon	字库文件	*.obj	编程语言中目标文件（Object）	*.zip	压缩文件

3．文件的特性

（1）唯一性：文件的名称具有唯一性，即在同一个文件夹下不允许有同名的文件存在。

（2）可移动性：文件可以根据需要移动到硬盘的任何分区，也可通过复制或剪切移动到其他移动设备中。

（3）可修改性：文件可以增加或减少内容，也可以删除。

4．文件的属性

文件的属性信息如图3.15所示。在文件属性"常规"选项卡中包含文件名、文件类型、打开方式、位置、大小、占用空间、创建时间、修改时间及访问时间等。文件的属性有三种：只读、隐藏、存档。若将文件设置为"只读"属性，则该文件不允许更改和删除；若将文件设置为"隐藏"属性，则该文件在常规显示中将不被看到；若将文件设置为"存档"属性，则表示该文件已存档，有些程序用此选项来确定哪些文件需做备份。

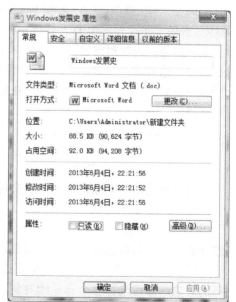

图3.15　文件属性

更改文件属性的操作步骤如下：

（1）选中要更改属性的文件。

（2）选择"文件"→"属性"命令，或者单击鼠标右键，在弹出的快捷菜单中选择"属性"命令，打开"属性"对话框。

（3）选择"常规"选项卡。

（4）在该选项卡的"属性"选项组中选定需要的属性复选框。

（5）单击"应用"按钮，并单击"确定"按钮。

提示：文件夹的属性设置与文件的属性设置类似。

3.2.2 文件夹

文件夹是用来组织和管理磁盘文件的一种数据结构，是计算机磁盘空间里面为了分类储存文件而建立独立路径的目录，它提供了指向对应磁盘空间的路径地址。

1．文件夹的结构

文件夹一般采用多层次结构（树状结构），在这种结构中每一个磁盘有一个根文件夹，它可包含若干文件和文件夹。文件夹不但可以包含文件，而且可以包含下一级文件夹，这样类推下去形成的多级文件夹结构既帮助用户将不同类型和功能的文件分类储存，又方便用户进行文件查找，还允许不同文件夹中的文件拥有相同的文件名。

2．文件夹的路径

明确一个文件，不仅要给出该文件的文件名，还应给出该文件的路径。路径是指从根目录（或当前目录）开始，到达指定的文件所经过的一组目录名（文件夹名）。盘符与文件夹名之间以"\"分隔，文件夹与下一级文件夹之间也以"\"分隔，文件夹与文件名之间仍以"\"分隔。

路径分为绝对路径和相对路径。绝对路径是指从根文件夹开始的路径，以逻辑盘符作为开始。相对路径是指从当前文件夹开始的路径。

例如，"E:\歌曲\我的 MP3 音乐\天堂.mp3"表示存储在 E 盘→"歌曲"文件夹→"我的 MP3 音乐"子文件夹中的"天堂.mp3"文件。该路径指明了文件所在的盘符和所在具体位置的完整路径，为绝对路径。如果用户现在的位置是在 E 盘"歌曲"文件夹窗口，想找到"天堂.mp3"这首歌，只要从当前位置开始，向下找到"我的 MP3 音乐"子文件夹，在向下找到"天堂.mp3"即可，表示为"我的 MP3 音乐\天堂.mp3"，这种以当前文件夹开始的路径称为相对路径。

3.2.3 文件与文件夹管理

1．选定文件或文件夹

（1）选定单个对象。选择单一文件或文件夹只需用鼠标单击选定的对象即可。

（2）选定多个对象。

① 连续对象。单击第一个要选择的对象，按住"Shift"键不放，用鼠标单击最后一个要选择的对象，即可选择多个连续对象。

② 非连续对象。单击第一个要选择的对象，按住"Ctrl"键不放，用鼠标依次单击要选择的对象，即可选择多个非连续对象。

③ 全部对象。可使用"Ctrl+A"快捷键选择全部文件或文件夹。

2．新建文件夹

用户可以创建新的文件夹存放各种形式的文件，创建新文件夹可执行下列操作步骤：

（1）双击桌面上的"计算机"图标，打开"资源管理器"。

（2）双击要新建文件夹的磁盘，打开该磁盘。

（3）选择"文件"→"新建"→"文件夹"命令，或者单击鼠标右键，在弹出的快捷菜单中选择"新建"→"文件夹"命令即可新建一个文件夹。

（4）在新建的文件夹名称文本框中输入文件夹的名称，按"Enter"键或用鼠标单击其他地方确认即可。

3．重命名文件或文件夹

（1）显示扩展名。默认情况下，Windows 系统会隐藏文件的扩展名，以保护文件的类型。若用户需要查看其扩展名，就要进行相关设置，使扩展名显示出来。操作步骤如下：

① 在"计算机"窗口的菜单栏，选择"工具"菜单中的"文件夹选项"。

② 在弹出的"文件夹选项"对话框中，选择"查看"选项卡，在"高级设置"列表中，取消勾选"隐藏已知文件类型的扩展名"复选框，如图3.16所示，单击"确定"按钮，即可显示扩展名。

（2）重命名。重命名文件或文件夹就是给文件或文件夹重新命名一个新的名称，使其可以更符合用户的要求。

重命名文件或文件夹的具体操作步骤如下：

① 选择要重命名的文件或文件夹。

② 单击"文件"→"重命名"命令，或者单击鼠标右键，在弹出的快捷菜单中选择"重命名"命令。

③ 这时文件或文件夹的名称将处于编辑状态（蓝色反白显示），用户可直接输入新的名称进行重命名操作。也可在文件或文件夹名称处直接单击两次（两次单击间隔时间应稍长一些，以免使其变为双击），使其处于编辑状态，输入新的名称进行重命名操作。

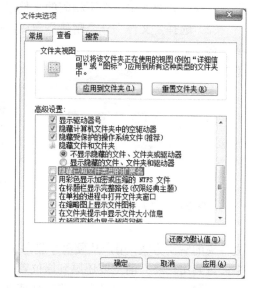

图 3.16　取消勾选"隐藏已知文件类型的扩展名"

提示：为文件或文件夹命名时，要选取有意义的名字，尽量做到"见名知意"。修改文件名时要保留文件扩展名，否则会导致系统无法正常打开该文件。

4．复制和剪切文件或文件夹

复制和剪切对象都可以实现移动对象，区别在于：

复制对象是将一个对象从一个位置移到另一个位置，操作完成后，原位置对象保留，即一个对象变成两个对象放在不同位置。

剪切对象是将一个对象从一个位置移到另一个位置，操作完成后，原位置没有该对象。

（1）复制。复制的方法有以下几种：

① 菜单栏。选择对象，单击菜单栏中的"编辑"菜单，选择"复制"命令即可。

② 快捷菜单。右击对象，在弹出的快捷菜单中选择"复制"命令，即可实现复制对象。

③ 快捷键。选中对象，使用"Ctrl+C"快捷键来实现复制。

（2）剪切。剪切的方法有以下几种：

① 菜单栏。选择对象，单击菜单栏中的"编辑"菜单，选择"剪切"命令即可。

② 快捷菜单。右击对象，在弹出的快捷菜单中选择"剪切"命令，即可实现剪切对象。

③ 快捷键。选择对象，使用"Ctrl+X"快捷键来实现剪切。

复制或剪切完对象后，接着需要完成的是粘贴操作。选择目标位置，单击"编辑"→"粘贴"命令；或者单击鼠标右键，在弹出的快捷菜单中选择"粘贴"命令即可；还可以使用"Ctrl+V"快捷键来实现粘贴操作。

5．删除文件或文件夹

当有的文件或文件夹不再需要时，用户可将其删除，以利于对文件或文件夹进行管理。删除后的文件或文件夹将被放到"回收站"中，用户可以选择将其彻底删除或还原到原来的位置。

删除文件或文件夹的操作如下：

（1）选择要删除的文件或文件夹。若要选定多个相邻的文件或文件夹，可按住"Shift"键进行选择；若要选定多个不相邻的文件或文件夹，可按住"Ctrl"键进行选择。

（2）选择"文件"→"删除"命令，或者单击鼠标右键，在弹出的快捷菜单中选择"删除"命令。

图3.17　"删除文件"对话框

（3）弹出"删除文件"对话框，如图3.17所示。

（4）若确认要删除该文件或文件夹，可单击"是"按钮；若不删除该文件或文件夹，可单击"否"按钮。

从网络位置删除的对象、从可移动媒体（如U盘、移动硬盘）删除的对象或超过"回收站"存储容量的对象将不被放到"回收站"中，而被彻底删除且不能还原。

6．删除或还原"回收站"中的文件或文件夹

"回收站"为用户提供了一个安全的删除文件或文件夹的解决方案，用户从硬盘中删除文件或文件夹时，Windows 7会将其自动放入"回收站"中，直到用户将其清空或还原到原位置。

删除或还原"回收站"中的文件或文件夹的操作步骤如下：

（1）双击桌面上的"回收站"图标。

（2）打开"回收站"窗口，如图3.18所示。

图3.18　"回收站"窗口

（3）若要删除"回收站"中所有的文件和文件夹，可单击"清空回收站"命令；若要还原所有的文件和文件夹，可单击"还原所有项目"命令；若要还原文件或文件夹，可选中该文件或文件夹，单击窗口中的"恢复此项目"命令，或者右击该对象选择"还原"；若要还原多

个文件或文件夹，可按住"Ctrl"键选定多个文件或文件夹。

　　删除"回收站"中的文件或文件夹，意味着将该文件或文件夹彻底删除，无法再还原；若还原已删除文件夹中的文件，则该文件夹将在原来的位置重建，然后在此文件夹中还原文件；当回收站满后，Windows 7 将自动清除"回收站"中的空间以存放最近删除的文件和文件夹。也可以选中要删除的文件或文件夹，将其拖到"回收站"中进行删除。若想要直接删除文件或文件夹，而不将其放入"回收站"中，可在拖到"回收站"时按住"Shift"键，或者选中该文件或文件夹，按"Shift+Delete"组合键。

7. 创建快捷方式

　　应用程序安装在不同的路径中，要打开应用程序，需要进入其文件所在目录，然后双击程序运行。如果建立了某应用程序的快捷方式，可以将快捷方式放到任何地方，如桌面、"开始"菜单、用户常用的文件夹等，双击快捷方式就可以运行该程序了。

　　在桌面上建立某文件或文件夹快捷方式的方法有以下两种。

　　（1）右击桌面空白处，在弹出的快捷菜单中选择"新建"→"快捷方式"命令，在打开的"创建快捷方式"对话框中的文本框中输入文件或文件夹的正确路径，如图 3.19 所示，单击"下一步"按钮，在打开的新对话框中输入快捷方式的名称，如图 3.20 所示，单击"完成"按钮即可。

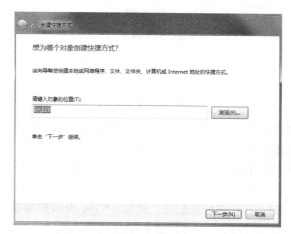

图 3.19　"创建快捷方式"对话框

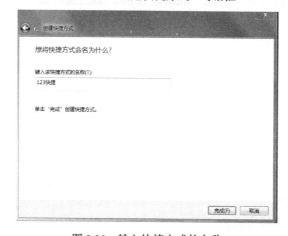

图 3.20　输入快捷方式的名称

（2）右击欲创建快捷方式的文件或文件夹，在弹出的快捷菜单中选择"发送到"→"桌面快捷方式"命令即可。

快捷方式仅仅记录文件所在路径，当路径所指向的文件更名、被删除或更改位置时，快捷方式不可使用。

8. 搜索文件或文件夹

搜索，即查找。使用计算机时常会发生找不到某个文件或文件夹的情况，此时可借助 Windows 7 的搜索功能进行查找。具体操作步骤如下：

（1）打开资源管理器，在窗口的右上角搜索编辑框中输入要查找的文件或文件夹名称（如果记不清文件或文件夹全名，可只输入部分名称）。此时系统自动开始搜索，等待一段时间即可显示搜索的结果，如图 3.21 所示。

图 3.21 搜索文件

（2）对于搜到的文件或文件夹，用户可对其进行复制、移动或打开等操作。

设置适合的搜索范围很重要，由于现在的硬盘容量很大，若把所有硬盘搜索一遍将会耗费很长的时间。若能确定文件存放的大致文件夹，可首先在步骤（1）窗口左侧的导航窗格中指定搜索范围，然后再进行搜索。

另外，在输入文件名时还可使用通配符。例如，*.jpg 表示扩展名为 .jpg 的所有文件；？ss.doc 表示扩展名为.doc，文件名为 3 位，且必须是以 ss 为文件名结尾的所有文件。

如果要查找程序，可打开"开始"菜单，在其底部的编辑框中输入要查找的程序名称，稍微等待一会儿，在"开始"菜单顶部将显示搜索到的程序，单击即可将该程序打开。

任务实施

任务要求

（1）建立文件夹。

（2）移动文件。

（3）进行数据备份。

（4）文件夹（文件）改名。

（5）设置文件夹属性。

（6）创建文件夹的快捷方式。

（7）删除指定的文件夹。

实施思路

1．建立文件夹

首先，在 D 盘下建立一个新的文件夹"宣传单制作"，具体步骤如下：

（1）双击"计算机"图标，在打开的窗口中双击 D 盘驱动器图标打开 D 盘窗口。

（2）在"文件"菜单中选择"新建"→"文件夹"命令，在文件夹图标下输入"宣传单制作"，按"Enter"键或在空白区域单击即完成创建。

然后用同样的方法在"宣传单制作"文件夹中建立"图片"和"文档"子文件夹。

2．移动文件

打开素材文件夹，把文件"音乐焰火'夜宴'（素材）.docx"移动到"D：\宣传单制作\文档"文件夹中；将相关的图片等文件移动到"D：\宣传单制作\图片"文件夹中。

（1）选中存放在"素材"文件夹的"音乐焰火'夜宴'（素材）.docx"文件，然后执行"编辑"→"剪切"命令将文件放到剪贴板上。

（2）双击"宣传单制作"文件夹图标打开该文件夹，再双击"文档"文件夹图标，在打开的窗口中执行"编辑"→"粘贴"命令。

用同样的方法将其他文件及图片分别移动到指定的文件夹。

3．将文件夹"宣传单制作"复制到 E 盘作为数据备份

（1）选中"D：\宣传单制作"文件夹，执行"编辑"→"复制"命令。

（2）单击"返回到计算机"按钮，双击 E 盘图标打开 E 盘，执行"编辑"→"粘贴"命令。

4．为"E:\宣传单制作"文件夹改名

选中 E 盘中的"宣传单制作"文件夹，执行"文件"→"重命名"命令，原文件夹名处于可编辑状态，输入"宣传单制作原始材料"文字，在窗口任意空白位置单击或按"Enter"键即可。

5．将文件夹设置为只读属性

打开 E 盘，右击"宣传单制作原始材料"文件夹，在弹出的快捷菜单中选择"属性"命令，打开文件夹"属性"对话框，选中"只读"复选框将文件属性设置为只读属性。

6．创建文件夹的快捷方式

小王在制作宣传画册时，经常要打开 D 盘"宣传单制作"文件夹下的"宣传画册.docx"文件，觉得很麻烦，因此想在桌面上为文件"宣传画册.docx"建立快捷方式，以便快速打开这个文件，具体操作如下：

（1）双击"计算机"图标，在打开的窗口中双击 D 盘驱动器图标，在打开的窗口中双击"宣传单制作"文件夹。

（2）右击"宣传画册.docx"文件，在弹出的快捷菜单中选择"发送到"→"桌面快捷方式"命令。

7．删除"E:\宣传单制作原始材料\文档\负责人的联系方式.txt"文件

（1）双击"计算机"图标，在打开的窗口中双击 E 盘驱动器图标，再在打开的窗口中双击"宣传单制作原始材料"文件夹，双击"文档"子文件夹，选中"公司的联系方式.txt"文件。

（2）执行"文件"→"删除"命令将该文件删除。或者右击该文件，在弹出的快捷菜单中选择"删除"命令删除该文件。

拓展训练——文件及文件夹的操作

（1）将拓展训练"素材"文件夹复制一份放在 D 盘下，并重命名为"考生文件夹"。

（2）将"考生文件夹"下 NAOM 文件中的 TRAVEL.DBF 文件删除。

（3）将"考生文件夹"下 HQWE 文件夹中的 LOCK.FOR 文件复制到同一文件夹中，文件名为 USER.FOR。

（4）为"考生文件夹"下 WALL 文件夹中的 PBOB.BAS 文件建立名为 KPB 的快捷方式，并存放在"考生文件夹"下。

（5）将"考生文件夹"下 WETHEAR 文件夹中的 PIRACY.TXT 文件移动到"考生文件夹"中，并改名为 MICROSO.TXT。

（6）在"考生文件夹"下 JIBEN 文件夹中创建名为 A2TNBQ 的文件夹，并设置属性为隐藏。

（7）在"考生文件夹"中新建一个 FSA.TXT 文件。

（8）将"考生文件夹"下 GRUP 文件夹中的文件夹 ZAP 设置成隐藏属性。

任务 3　控制面板的设置

任务描述

小王同学作为学生会办公室的成员，在使用计算机的过程中，他希望操作系统环境能够符合自己使用的习惯并且屏幕赏心悦目。小王准备学习如何安装新字体；设置日期和时间；设置语言和区域；如何安装和删除程序；对用户账户、桌面背景、屏幕保护程序和外观等重新进行设置。

任务分析

为了满足用户完成大量日常工作的需求，操作系统不仅需要为用户提供一个很好的交互界面和工作环境，还需要为用户提供方便的管理和使用操作系统的相关工具。Windows 7 操作系统为用户及各类应用提供的这些工具集中存放在"控制面板"中。通过控制面板，用户可以进行管理账户，添加/删除程序，设置系统属性，设置系统日期/时间，安装、管理和设置硬件设备等系统管理和系统设置的操作。

知识准备

Windows 7 允许用户根据自己的使用习惯定制工作环境，以及管理计算机中的软、硬件资源。控制面板是进行这些操作的门户，利用它可以设置屏幕显示效果、修改系统日期和时间、添加和删除程序等。

1．启用控制面板

启用控制面板的方法有多种，常用的有：

（1）单击"开始"菜单，单击"控制面板"。

（2）打开"计算机"，在"菜单栏"下单击"打开控制面板"。

2．控制面板的视图

Windows 7 系统控制面板如图 3.22 所示。单击"控制面板"窗口右上角"查看方式"右侧的三角按钮，从弹出的下拉列表中可以选择"类别""大图标""小图标"三种显示方式。

图 3.22　Windows 7 系统控制面板

任务实施

3.3.1　个性化外观

对计算机的个性化设置可以反映出使用者的风格和个性。可以通过更改计算机的主题、颜色、声音、桌面背景、屏幕保护程序、字体大小和用户账户图片来为计算机添加个性化设置，还可以为桌面选择特定的小工具。下面就来设置几种个性化的显示。

1．桌面背景设置

在 Windows 7 系统中，桌面的背景又称为"壁纸"，系统自带了多个桌面背景图片供用户选择，更改背景的步骤如下：

（1）右击桌面空白处，在弹出的快捷菜单中单击"个性化"命令。

（2）在弹出的"个性化"窗口下方，单击"桌面背景"图标，弹出如图 3.23 所示窗口。

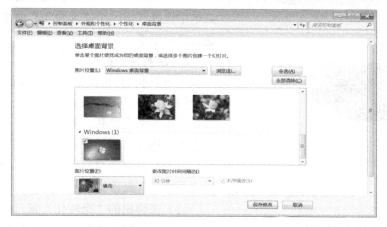

图 3.23　"桌面背景"窗口

（3）在"桌面背景"窗口，单击"全部清除"按钮，单击选中的图片，再单击"保存修改"按钮即可。

在"桌面背景"窗口，单击"全选"按钮或单击选定多个图片，在"更改图片时间间隔"

下拉列表中选择一定的时间间隔，背景图片会以时间片进行切换。

2．桌面主题设置

桌面主题是图标、字体、颜色、声音和其他窗口元素的预定义的集合，它可使用户的桌面具有与众不同的外观。Windows 7 提供了多种风格的主题，分别为"Aero 主题"和"基本和高对比度主题"。"Aero 主题"有 3D 渲染和半透明效果。用户可以根据需要切换不同主题。操作步骤如下：

（1）右击桌面空白处，在弹出的快捷菜单中选择"个性化"命令。

（2）弹出"个性化"窗口，如图 3.24 所示，在"Aero 主题"区域单击"自然"选项，主题选择完毕。

图 3.24　桌面主题设置

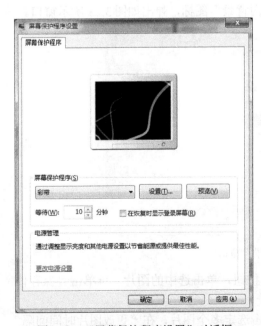

图 3.25　"屏幕保护程序设置"对话框

（3）此时，在桌面空白处右击，在弹出的快捷菜单中选择"下一个桌面背景"命令，即可更换主题的桌面墙纸。

3．屏幕保护程序设置

屏幕保护程序是为了保护显示器而设计的一种专门的程序。屏幕保护主要有三个作用：保护显像管、保护个人隐私、省电。用户可以根据需要进行设置。操作步骤如下：

（1）右击桌面空白处，在弹出的快捷菜单中选择"个性化"命令。

（2）在弹出的"个性化"窗口中，单击"屏幕保护程序"图标，打开"屏幕保护程序设置"对话框，在"屏幕保护程序"下拉列表中选择适合的保护程序，并在"等待"中设置屏幕保护的启动时间，如图 3.25 所示。

4．外观设置

用户可以通过外观设置，根据自己的喜好选取窗口和按钮的样式、对应样式下的色彩方案，同时可以调整字体的大小等。操作步骤如下：

（1）右击桌面空白处，在弹出的快捷菜单中选择"个性化"命令。

（2）在弹出的"个性化"窗口下方，单击"窗口颜色"图标，打开"窗口颜色和外观"窗口，在"更改窗口边框、「开始」菜单和任务栏的颜色""颜色浓度""高级外观设置"等设置区域选择适合的样式，如图3.26所示。

（3）单击"保存修改"按钮，即可完成外观设置。

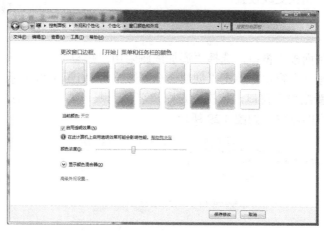

图 3.26　更改窗口颜色的外观

5．分辨率设置

屏幕分辨率指显示器所能显示的像素的多少。由于屏幕上的点、线和面都是由像素组成的，显示器可显示的像素越多，画面就越精细，同样的屏幕区域内能显示的信息也越多。用户可以根据需要进行设置。操作步骤如下：

（1）右击桌面空白处，在弹出的快捷菜单中选择"屏幕分辨率"命令。

（2）在"分辨率"下拉列表中，用鼠标拖动来修改分辨率，如图3.27所示。

图 3.27　分辨率的设置

（3）单击"应用"按钮，自动预览后，即可完成分辨率设置。

单击"高级设置"按钮，在打开的对话框中选择"监视器"选项卡，可以设置刷新频率。一般人的眼睛不容易察觉 75Hz 以上的刷新频率带来的闪烁感，因此最好能将屏幕刷新频率调到 75Hz 以上。

3.3.2 用户账户设置

在 Windows 7 系统中，有三种用户类型：计算机管理员账户、标准用户账户和来宾账户。计算机管理员账户拥有最高权限，允许更改所有的计算机设置；标准用户账户只允许用户更改基本设置；来宾账户无权更改设置。

要创建新用户，必须以管理员的身份登录，操作步骤如下。

1．创建账户

（1）打开"控制面板"窗口，选择"添加或删除用户账户"。

（2）在"管理账户"窗口，单击"创建一个新账户"，如图 3.28 所示。

（3）在"创建新账户"窗口，依次设定账户名称、账户类型。最后单击"创建账户"按钮，即可完成新账户的创建，如图 3.29 所示。

图 3.28　"管理账户"窗口

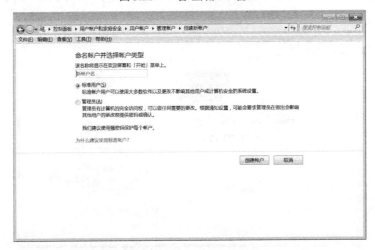

图 3.29　"创建新账户"窗口

2．更改账户属性

（1）打开"控制面板"窗口，单击"添加或删除用户账户"。

（2）在"管理账户"窗口，选择一个账户。

（3）在"更改账户"窗口，可根据需要更改账户名称、更改账户图片、更改账户类型、创建账户密码、更改账户密码、删除账户、设置家长控制等，在弹出的设置窗口，根据提示完成修改。

若需要删除的用户是唯一的计算机管理员账户，那么必须创建一个新的管理员账户才可以删除。

3.3.3　添加/删除程序

1．安装应用程序

（1）下载需要安装的应用程序，在安装包中，找到安装文件（扩展名为.exe 的文件），一般为 Setup.exe 或 Install.exe。

（2）双击安装文件，根据安装向导完成应用程序的安装。

2．卸载应用程序

（1）打开"控制面板"窗口，在"程序"下面单击"卸载程序"。

（2）在弹出的"卸载或更改程序"窗口中，右击要卸载的应用程序名称，根据提示完成卸载操作，如图 3.30 所示。

图 3.30　"卸载或更改程序"窗口

3.3.4　系统属性设置

计算机名称的更改：

（1）右击"计算机"图标，在弹出的快捷菜单中选择"属性"命令。

（2）在弹出的"系统"窗口中，单击"更改设置"按钮，如图 3.31 所示。

（3）在弹出的"系统属性"对话框中，单击"更改"按钮，如图 3.32 所示。

（4）在弹出的"计算机名/域更改"对话框中，输入新的计算机名称，也可以更改工作组和域名，如图 3.33 所示。

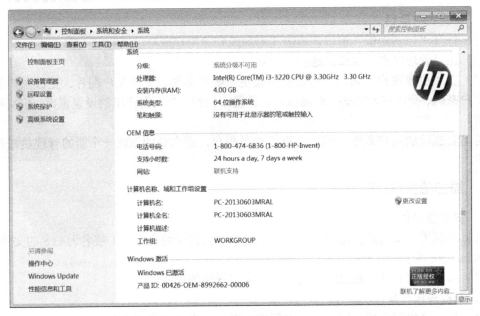

图 3.31 "系统"窗口

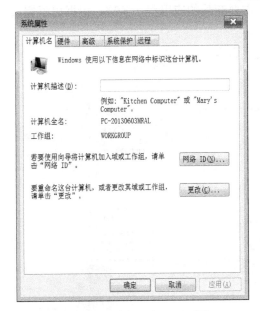

图 3.32 "系统属性"对话框

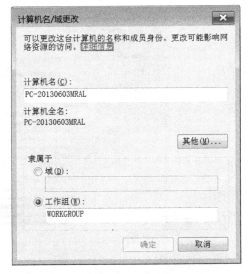

图 3.33 "计算机名/域更改"对话框

3.3.5 设置自动更新

（1）打开"控制面板"窗口，单击"系统和安全"。

（2）打开"系统和安全"窗口，在"Windows Update"下面单击"启用或禁用自动更新"，如图 3.34 所示。

（3）在打开的窗口中的"重要更新"栏选择"自动安装更新"方式，如图 3.35 所示。

图 3.34 "系统和安全"窗口

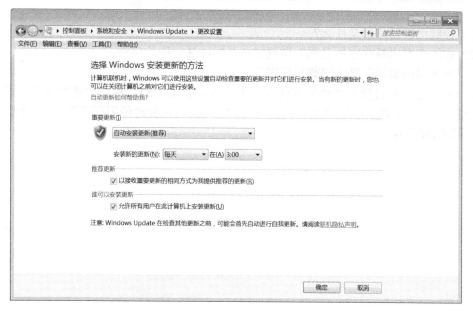

图 3.35 选择"自动安装更新"方式

3.3.6 修改系统时间

（1）单击任务栏中的"日期、时间显示区域"，打开"日期、时间"窗口，单击"更改日期和时间设置"。

（2）在弹出的"日期和时间"对话框中选择"日期和时间"选项卡，单击"更改日期和时间"按钮，如图 3.36 所示。

（3）在弹出的"日期和时间设置"对话框中完成系统时间的修改，如图 3.37 所示。

图 3.36 "日期和时间"选项卡

图 3.37 "日期和时间设置"对话框

拓展训练——小组讨论

（1）控制面板的作用是什么？

（2）你能列举出哪些字体名称？举例说明怎样添加、删除字体。

（3）举例说明如何删除（卸载）程序。

（4）在网上下载或使用其他方式获取几张图像，设置为幻灯片式的桌面背景；设置"屏幕保护程序"为"飞越星空"，等待时间为 4 分钟，勾选"恢复时使用密码保护"；设置"电源"5 分钟后关闭显示器。

项目四

文档编辑与管理 Word 2010

项目介绍

Word 2010 是 Microsoft 公司开发的 Office 2010 办公组件之一， Word 2010 旨在提供最上乘的文档格式设置工具，利用它还可更轻松、高效地组织和编写文档，并使这些文档唾手可得，无论何时何地灵感迸发，都可捕获这些灵感。

任务安排

✧ 任务 1　排版学习计划文档
✧ 任务 2　制作宣传单
✧ 任务 3　长文档格式编排
✧ 任务 4　制作求职简历表

学习目标

✧ 会设置文本的字符格式和段落格式
✧ 会为文本或段落添加边框和底纹
✧ 会设置图片格式、图文混排
✧ 会定义样式、创建模板文件
✧ 会对文档中的表格进行格式编辑及数据计算
✧ 会邮件合并操作

任务 1 排版学习计划文档

排版学习计划文档——我的
中职学习计划

任务描述

本任务通过对一份大学学习计划文档进行排版，来学习 Word 文档的创建、编辑和排版等基本操作，让学生掌握文档的基本编辑方法和格式设置，页面效果如图 4.1 所示。

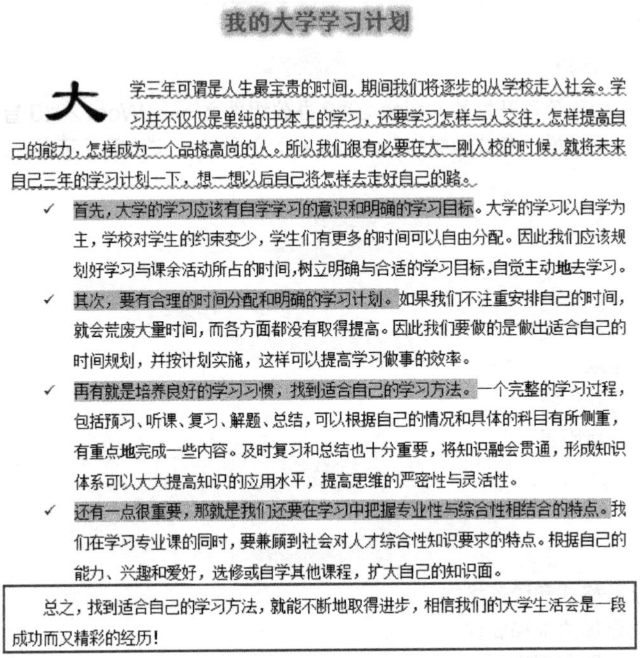

我的大学学习计划

大学三年可谓是人生最宝贵的时间，期间我们将逐步的从学校走入社会。学习并不仅仅是单纯的书本上的学习，还要学习怎样与人交往，怎样提高自己的能力，怎样成为一个品格高尚的人。所以我们很有必要在大一刚入校的时候，就将未来自己三年的学习计划一下，想一想以后自己将怎样去走好自己的路。

✓ 首先，大学的学习应该有自学学习的意识和明确的学习目标。大学的学习以自学为主，学校对学生的约束变少，学生们有更多的时间可以自由分配。因此我们应该规划好学习与课余活动所占的时间，树立明确与合适的学习目标，自觉主动地去学习。

✓ 其次，要有合理的时间分配和明确的学习计划。如果我们不注重安排自己的时间，就会荒废大量时间，而各方面都没有取得提高。因此我们要做的是做出适合自己的时间规划，并按计划实施，这样可以提高学习做事的效率。

✓ 再有就是培养良好的学习习惯，找到适合自己的学习方法。一个完整的学习过程，包括预习、听课、复习、解题、总结，可以根据自己的情况和具体的科目有所侧重，有重点地完成一些内容。及时复习和总结也十分重要，将知识融会贯通，形成知识体系可以大大提高知识的应用水平，提高思维的严密性与灵活性。

✓ 还有一点很重要，那就是我们还要在学习中把握专业性与综合性相结合的特点。我们在学习专业课的同时，要兼顾到社会对人才综合性知识要求的特点。根据自己的能力、兴趣和爱好，选修或自学其他课程，扩大自己的知识面。

总之，找到适合自己的学习方法，就能不断地取得进步，相信我们的大学生活会是一段成功而又精彩的经历！

图 4.1 页面效果

任务分析

对 Word 文档进行编辑和排版，首先应该创建一个文档，然后进行文本的输入，并对文本进行编辑，包括文本的插入、删除、移动、复制、查找、替换、撤销或重复等基本操作；其次为了文档的显示效果，可以对文档进行排版处理，包括字符格式、段落格式、边框和底纹、首字下沉等格式的设置，以及格式刷的使用；最后对文档中的英文单词可以进行拼写检查，对中文文本添加拼音。

知识准备

4.1.1 Word 2010 简介

1. Word 2010 的启动

安装好 Word 2010 后，要使用其强大的文档编辑排版功能，首先要启动 Word 2010。启动 Word 2010 的方法有很多，常用的方法有以下几种。

（1）单击"开始"→"所有程序"→"Microsoft Office"→"Microsoft Word 2010"选项，来启动 Word 2010。

（2）双击桌面上已建好的 Word 2010 的快捷方式图标。

（3）双击任意一个 Word 文档，打开相应的文件。

2．Word 2010 的退出

完成文档的编辑后要退出 Word 2010 的工作环境，常用的方法有以下几种。

（1）单击 Word 窗口右上角的"关闭"按钮。

（2）单击"文件"选项卡下的"退出"选项。

（3）在标题栏上单击鼠标右键，在弹出的快捷菜单中选择"关闭"选项。

3．Word 2010 窗口简介

Word 2010 的工作窗口主要包括：标题栏、"文件"选项卡、快速访问工具栏、功能区、编辑窗口、显示按钮、滚动条、缩放滑块、状态栏，如图 4.2 所示。

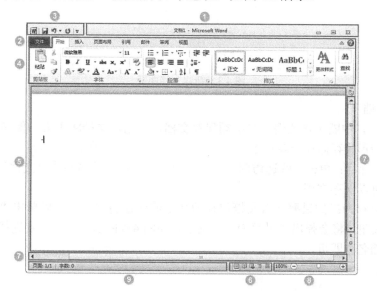

图 4.2　Word 2010 工作界面

（1）标题栏：显示正在编辑的文档的文件名及所使用的软件名。

（2）"文件"选项卡：包含新建、打开、关闭、另存为...和打印等基本命令。

（3）快速访问工具栏：包含一些常用命令，如保存和撤销。用户也可以添加个人常用命令。

（4）功能区：包含编辑时需要用到的一些命令，它与其他软件中的菜单或工具栏相同。

（5）编辑窗口：显示正在编辑的文档。

（6）显示按钮：可用于更改正在编辑的文档的显示模式以符合用户的要求。

（7）滚动条：用于更改正在编辑的文档的显示位置。

（8）缩放滑块：用于更改正在编辑的文档的显示比例设置。

（9）状态栏：显示正在编辑的文档的相关信息。

4.1.2　文档创建

1．新建文档

在 Word 2010 中，用户不仅可以新建没有内容的空白文档，还可以使用 Word 文档模板快

速建立 Word 文档。

（1）创建空白文档：启动 Word 2010 时，会自动创建一个默认文件名为"文档 1"的空白文档；或者单击"文件"选项卡→"新建"按钮，在打开的"新建"面板中，单击"空白文档"选项→"创建"按钮，如图 4.3 所示，也可创建一个空白文档。

（2）根据模板创建文档：Word 2010 还提供了很多已经设置好的文档模板，如图 4.3 所示，也可以通过选择不同的模板快速地创建各种类型的文档，如信函、简历、传真等。

图 4.3　新建文档面板

2．保存文档

在 Word 中，中断工作或退出时必须保存文档，否则，文档将丢失。保存文档后，Word 文档将以文件的形式存储在计算机上，你可以打开、修改和打印该文件。

（1）新文档保存：单击"快速访问"工具栏中的 ⊞ 按钮，或者单击"文件"选项卡→"保存"按钮，都可以保存文档。

（2）文档另存为：如果要修改文档保存的名字或保存的位置，可以单击"文件"选项卡→"另存为"按钮，将会弹出"另存为"对话框，如图 4.4 所示，根据需要选择新的存储路径或输入新的文档名称即可。

图 4.4　"另存为"对话框

注意：当第一次保存 Word 文档时，单击"保存"按钮，也会弹出"另存为"对话框。

（3）文档保存类型：Word 2010 默认保存成扩展名为.docx 的 Word 文档。可以通过图 4.4 中的"保存类型"下拉列表中的选项更改文档的保存类型，如选择"Word97-2003 文档"选项就可将文档保存成 Word 的早期版本类型。

4.1.3　文档编辑

文档编辑是 Word 2010 的基本功能，主要完成文本的输入、选择、移动、复制等基本功能，并且也为用户提供了查找和替换等功能。

1．打开文档

对已经存在的 Word 文档，在对文档进行编辑之前，首先必须要打开文档。打开的方法：可以直接双击要打开的文件图标；也可以先启动 Word 2010 程序，再通过"文件"选项卡→"打开"按钮，在弹出的"打开"对话框中选择要打开的文件。

2．输入文本

打开 Word 文档后，利用 Word 的"即点即输"功能，用户可以在文档的任意位置通过光标快速定位插入点，进行输入操作，输入的内容显示在光标所在处。

（1）普通文本的输入：用户只需要将光标定位到指定位置，选择好合适的输入法后，就可以进行文本录入操作。

（2）特殊符号的输入：在输入文本时，一些键盘上没有的特殊符号（如俄、日、希腊文字符，数学符号，图形符号等），除了利用汉字输入法中的软键盘外，Word 还提供了"插入符号"的功能。首先把光标定位到要插入符号的位置，单击"插入"选项卡→"符号"组→"符号"按钮，在弹出的下拉菜单中列出了最近插入过的符号和"其他符号"按钮。如果需要插入的符号位于列表框中，单击该符号即可；否则，单击"其他符号"按钮，打开如图 4.5 所示的"符号"对话框。在这个对话框的"字体"下拉列表中选定适当的字体项（如"普通文本"），在符号列表框中选定所需插入的符号，再单击"插入"按钮，就可以将所选择的符号插入到文档的插入点处。

图 4.5　"符号"对话框

3．选择文本

在对文本进行编辑排版之前，首先要选定好相关文本。从要选定文本的起点处按下鼠标左键，一直拖动至终点处松开鼠标即可选择文本，选中的文本将以蓝底黑字的形式出现。

如果将鼠标移动到文档左侧的空白处，鼠标将会变为指向右上方向的箭头。此时，单击鼠标，则选定当前这一行的文字；双击鼠标，则选定当前这一段的文字；三击鼠标，则选定整篇文字。

4．插入和删除文本

插入文本：在插入文本时，需要确认当前文档处在"插入"方式还是"改写"方式。在插入方式下，只要将光标移到需要插入文本的位置，输入新文本，光标右边的字符将随着新的文字的输入逐一向右移动；如果在改写方式下，则光标右边的字符将被新输入的字符所替代。

而在 Word 2010 文档窗口的左下方可以显示和切换输入方式，如图 4.6 所示。

图 4.6　输入方式

删除文本：将光标移到要删除字符的左边，然后按"Delete"键；或者将光标移到此字符的右边，然后按"Backspace"键。

5．复制和移动文本

当需要重复录入文档中的已有内容时，可以通过复制操作来完成。首先选中文本，然后单击鼠标右键选择"复制"命令，接着将鼠标移到目的位置后单击鼠标右键，选择"粘贴选项"中的合适选项完成文本的复制。文本的复制还可以通过快捷键或"开始"选项卡中的"复制"按钮来完成。文本的移动和文本的复制操作类似。

6．查找和替换文本

查找：利用 Word 的查找功能可以方便、快速地在文档中找到指定的文本。单击"开始"选项卡→"编辑"组→"查找"按钮，在文本编辑区的左侧会显示如图 4.7 所示的"导航"窗格。在"搜索文档"文本框内输入要查找的关键字后按回车键，就可列出整篇文档中所有包含该关键字的匹配结果项，并在文档中高亮显示相匹配的关键字。

替换：替换操作是在查找操作的基础上进行的。单击"开始"选项卡→"编辑"组→"替换"按钮，打开如图 4.8 所示的"查找和替换"对话框，单击对话框中的"替换"选项卡，在"查找内容"列表框中输入要查找的内容，在"替换为"列表框中输入要替换的内容；在输入要查找和需要替换的文本和格式后，根据情况单击"替换"按钮或"全部替换"按钮进行替换操作。

图 4.7　"导航"窗格

图 4.8　"查找和替换"对话框

7．撤销和重复

对于编辑过程中的误操作，可以通过单击"快速访问工具栏"中的"撤销"按钮来挽回；而对于所撤销的操作，也可以通过"重复"按钮重新执行，如图 4.9 所示。

图 4.9　"撤销和重复"按钮

8．插入另一个文档

利用 Word 插入文件的功能，可以将几个文档连接成一个文档。其具体步骤是：单击"插入"选项卡→"文本"组→"对象"按钮，在打开的下拉列表里选择"文件中的文字"命令，会弹出"插入文件"对话框；然后在"插入文件"对话框中选定所要插入的文档即可。

4.1.4　文档排版

文档编辑完成后，就要对整篇文档进行排版使文档具有美观的视觉效果，通常排版要在页面视图下进行。

1．Word 2010 的视图方式

Word 2010 中提供了多种视图模式供用户选择，主要包括："页面视图"可以显示 Word 2010 文档的打印结果外观；"阅读版式视图"以图书的分栏样式显示 Word 2010 文档；"Web 版式视图"以网页的形式显示 Word 2010 文档；"大纲视图"主要用于设置和显示 Word 2010 文档的标题层级结构；"草稿视图"取消了页面边距、分栏、页眉页脚和图片等元素。

如果要切换视图方式，可以单击"视图"选项卡→"文档视图"组中所需要的视图模式按钮，如图 4.10 所示；也可以在 Word 2010 文档窗口的右下方单击视图按钮选择视图。

2．字符格式设置

字符格式的设置主要包括对字符字体、字形、字号、颜色、下画线、着重号等的设置，对字符格式的设置决定了字符在屏幕上显示和打印输出的样式。字符格式的设置可以通过功能区、对话框和浮动工具栏来完成，需要注意的是：不管使用哪种方式，都需要在设置前先选择字符，即先选中再设置。

（1）利用"开始"选项卡中的"字体"组来设置文字的格式：首先选定要设置格式的文本，然后单击"开始"选项卡，在"字体"组中选择相关的按钮完成字符格式的设置，如图 4.11 所示，包括字体、字号、加粗、倾斜、下画线、文字颜色、文本效果等格式设置。

图 4.10　Word 2010 视图　　　　　　　　图 4.11　"开始"选项卡中的"字体"组

（2）利用"字体"对话框设置文字的格式：同样首先选定要设置格式的文本，单击图 4.11 右下角的"字体对话框启动器"按钮，打开如图 4.12 所示的"字体"对话框，进行字符格式的设置。

（3）利用浮动工具栏进行设置：当选中字符并将鼠标指向其后，在选中字符的右上角会出现如图 4.13 所示的浮动工具栏。利用它进行字符格式设置的方法和通过功能区的命令按钮进行设置的方法相同。

图 4.12　"字体"对话框　　　　　　　　图 4.13　浮动工具栏

3．段落格式设置

在 Word 中是以一个回车换行符表示一段，段落格式的设置主要包括段落对齐方式、段落缩进、段落间距、行间距等设置。设置的方法是：首先选定段落，然后通过单击"开始"选项卡"段落"组中的按钮进行设置，如图 4.14 所示；或者打开"段落"对话框（如图 4.15 所示）来设置段落的格式。

图 4.14 "开始"选项卡中的"段落"组   图 4.15 "段落"对话框

段落对齐方式：分为左对齐、右对齐、居中对齐、两端对齐和分散对齐 5 种。

段落缩进：决定了段落到左右页边距的距离，段落的缩进方式有左缩进、右缩进、首行缩进和悬挂缩进 4 种。

段落间距：所选段落与上一段落或下一段落之间的距离。

行间距：所选段落中相邻两行之间的距离。行间距、段落间距的单位可以是厘米、磅、当前行距的倍数。

4．首字下沉

在一篇文档中，把段落的第一个字进行首字下沉的设置，可以很好地凸显出段落的位置和整个段落的重要性，起到引人入胜的效果。首字下沉的具体操作是：首先将插入点移到要设置首字下沉的段落的任意处，然后单击"插入"选项卡→"文本"组→"首字下沉"按钮，在弹出的下拉框中选择"无"、"下沉"和"悬挂"三种选项命令中的一种，如图 4.16 所示。

若需设置更多"首字下沉"格式的参数，可以单击下拉框中的"首字下沉选项"按钮，打开"首字下沉"对话框进行设置，如图 4.17 所示。

图 4.16 "首字下沉"格式   图 4.17 "首字下沉"对话框

5．格式刷

利用格式刷，可以将文本格式进行复制，此处所指的格式，不仅包括字符格式，还包括段落格式、项目符号设置等。

首先选定已设置好格式的文本，然后单击"开始"选项卡→"剪贴板"组→"格式刷"按钮，如图 4.18 所示，此时鼠标指针变为刷子形；再将鼠标移到要复制格式的文本开始处，拖动鼠标直到要复制格式的文本结束处，放开鼠标左键就完成了格式的复制。

单击"格式刷"按钮，使用一次后，格式刷功能就会自动关闭。如果需要连续多次使用某文本的格式，就必须双击"格式刷"按钮，然后用格式刷去刷其他的文本。

图 4.18　格式刷

6．边框和底纹设置

Word 提供了各种现成的和可以自定义的图形边框、底纹方案和填充效果，用来强调文字、表格和表格单元格、图形及整个页面，这样能增加读者对文档内容的兴趣和注意程度，并能够对文档起到美化的效果。

设置边框和底纹时，首先选定要设置的文本，然后单击"开始"选项卡→"段落"组→"边框"按钮或"底纹"按钮，如图 4.19 所示，再在弹出的下拉框中选择需要的命令。

如果想更进一步对边框和底纹进行设置，可以选择下拉框中的"边框和底纹"命令，在打开的"边框和底纹"对话框中进行相应的边框和底纹设置，如图 4.20 和图 4.21 所示。在设置边框和底纹时，需要注意边框和底纹的应用范围，可以是文字，也可以是段落，在"边框和底纹"对话框的"边框"或"底纹"选项卡的"应用于"列表框中可以进行选择。

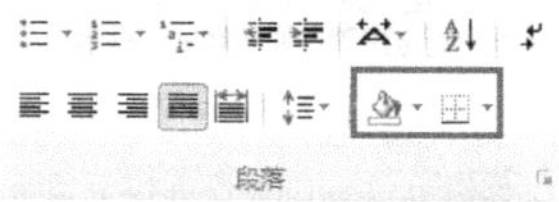

图 4.19　边框和底纹　　　　　　　图 4.20　"边框"设置

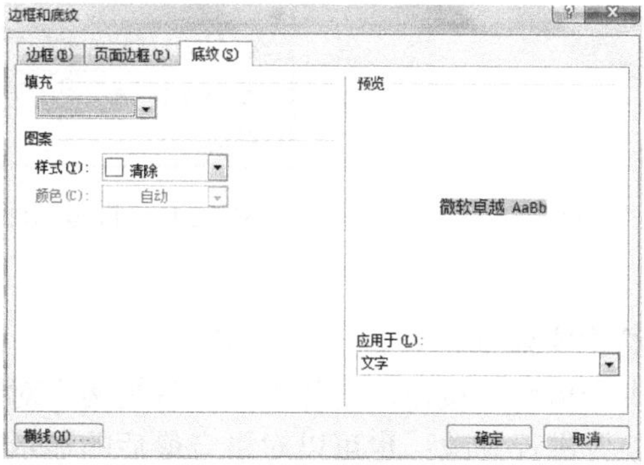

图 4.21　"底纹"设置

7. 项目符号与编号

项目符号和编号是放在文本前的符号或数字，起到强调作用。合理使用项目符号和编号，可以使文档的层次结构更清晰、更有条理，并能提高文档编辑速度。首先选定要添加项目符号的文字，然后单击"开始"选项卡→"段落"组→"项目符号"按钮，也可单击该按钮旁的向下箭头，在弹出的下拉框中选择其他的项目符号样式，如图 4.22 所示。给文本添加项目编号的操作与此类似。

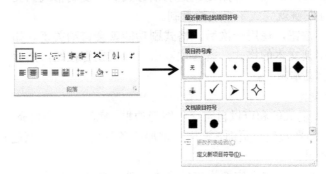

图 4.22 "项目符号和编号"按钮

8. 拼写检查

使用 Word 2010 进行输入时，默认情况下许多应用程序会自动检查拼写是否正确。如果有的语句下标有红色波浪线，那表示应用程序认为该语句拼写有误；如果显示绿色波浪线，则表示应用程序认为这段语句可能存在语法错误。如果想对整篇文档进行检查，可以首先将光标移至文档开始位置，然后单击"审阅"选项卡→"校对"组→"拼写和语法"按钮，如图 4.23 所示。在弹出的"拼写和语法：中文（中国）"对话框中会突出显示第一个错误，选择想进行的操作，如图 2.24 所示。按照这个方法重复检查，直到弹出拼写检查已经完成的对话框，最后单击"确定"按钮。

图 4.23 "拼写和语法"按钮

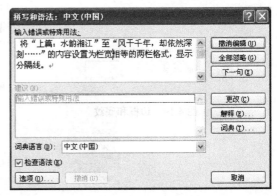

图 4.24 "拼写和语法：中文（中国）"对话框

9. 添加拼音

如果在中文排版时要给中文添加拼音，首先选定需要添加拼音的文字，再单击"开始"选项卡→"字体"组→"拼音指南"按钮，会弹出"拼音指南"对话框，如图 4.25 所示。在对话框中可以对"拼音文字"进行修改；也可以对拼音最后的显示效果通过"对齐方式""偏移量""字体""字号"选择框进行调整。

图 4.25 "拼音指南"对话框

任务实施

任务要求

（1）启动 Word 2010，新建一个空白文档，将文本复制到这个文档中。

（2）标题"我的大学学习计划"，设置为黑体、加粗、小三号、深红色、居中对齐，"红色，18pt 发光，强调文字颜色 2"的发光文本效果。

（3）正文各段落字体都设置为宋体、五号，首行缩进 2 字符。

（4）设置标题的段间距为段后 1 行，正文内容行距为固定值 20 磅。

（5）设置正文第 1 段的第一个字为首字下沉，字体隶书，下沉 2 行，距正文 0.5 厘米。

（6）正文第 1 段的内容添加紫色波浪下画线。

（7）正文第 2 段到第 5 段，每段的第一句话设置为"浅绿色"底纹，应用于文字。

（8）正文第 2 段到第 5 段的内容添加项目符号。

（9）设置正文最后一段内容添加紫色 1.5 磅单实线边框。

（10）操作完成后，以"我的大学学习计划.docx"为文件名，保存在"我的电脑"的 D 盘根目录下。

实施思路

（1）启动 Word 2010，单击"文件"选项卡→"新建"命令→"空白文档"按钮，再单击右下角的"创建"按钮，新建一个 Word 空白文档。打开素材文件夹中的"学习计划.docx"文档，将文档中的所有内容复制到这个空白文档中。

（2）将标题"我的大学学习计划"内容选定，单击"开始"选项卡→"字体"组，设置标题字体为黑体、字形加粗、字号小三号、字的颜色深红色、文本效果为"红色，18pt 发光，强调文字颜色 2"发光效果，如图 4.26 所示；再单击"开始"选项卡→"段落"组，设置标题居中对齐。

（3）选定正文所有内容，单击"开始"选项卡→"字体"组，设置字体为宋体、字号五号；再单击"开始"选项卡→"段落"组→"段落对话框启动器"，打开"段落"对话框，设置正文各段首行缩进 2 字符，如图 4.27 所示。

（4）选定标题"我的大学学习计划"，单击"开始"选项卡→"段落"组→"段落对话框启动器"，打开"段落"对话框，设置标题的段间距为段后 1 行；再选定正文内容，单击"开始"选项卡→"段落"组→"段落对话框启动器"，打开"段落"对话框，设置行距为固定值 20 磅。

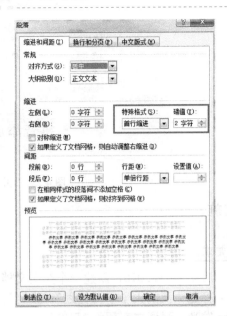

图 4.26　发光效果设置　　　　　图 4.27　首行缩进

（5）将光标定位到正文第 1 段的第一个字的前面，单击"插入"选项卡→"文本"组→"首字下沉"按钮，在"首字下沉"对话框中设置字体为隶书、下沉 2 行、距正文 0.5 厘米，如图 4.28 所示。

（6）选定正文第 1 段的内容，单击"开始"选项卡→"字体"组→"下画线"按钮，设置字符的下画线为波浪线、颜色为紫色。

（7）选定正文第 2 段到第 5 段的内容，单击"开始"选项卡→"段落"组→"边框和底纹"对话框→"底纹"选项卡，设置浅绿色底纹，应用于文字，如图 4.29 所示。

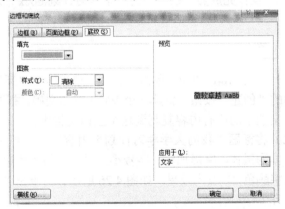

图 4.28　首字下沉　　　　　　　图 4.29　底纹设置

（8）选定正文第 2 段到第 5 段的内容，单击"开始"选项卡→"段落"组→"项目符号"按钮，选择相应的项目符号，如图 4.30 所示。

（9）选定正文最后一段内容，单击"开始"选项卡→"段落"组→"边框和底纹"对话框→"边框"选项卡，设置边框样式为单实线、颜色为紫色、宽度 1.5 磅，如图 4.31 所示。

（10）操作完成后，单击"文件"选项卡→"保存"命令，以"我的大学学习计划.docx"为文件名，保存在"我的电脑"D 盘的根目录下。

图 4.30　"项目符号"下拉框

图 4.31　边框设置

拓展训练——诗歌排版

一、诗词排版

打开素材文件夹中的"诗歌排版.docx"文档，给诗歌《面朝大海，春暖花开》进行排版，效果如图 4.32 所示。

1. 设置字体格式

（1）将文档标题行的字体设置为华文新魏、一号，并为其添加"填充—橄榄色，强调文字颜色 3，轮廓—文本 2"的文本效果。

（2）将文档副标题的字体设置为华文仿宋、四号、倾斜，并为其添加"蓝色，8 pt 发光，强调文字颜色 1"的发光文本效果。

（3）将正文诗词部分的字体设置为华文楷体、四号。

（4）将文本"作者简介"的字体设置为黑体、小四、标准色中的"蓝色"、加着重号。

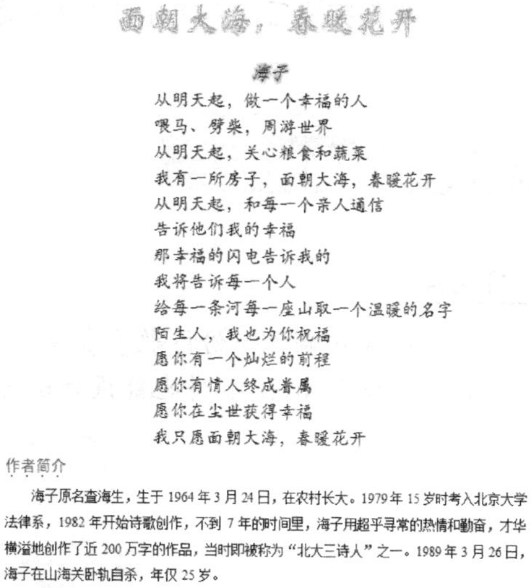

2. 设置段落格式

（1）将文档的标题行和副标题行均设置为居中对齐。

（2）将正文的诗词部分的左侧缩进 11 字符，段落间距为段后 0.5 行，行距为固定值 12 磅。

（3）将正文最后一段首行缩进 2 个字符，并设置行距为固定值 20 磅。

操作完成后，将文件以"诗歌排版.docx"为文件名保存在"我的电脑"D 盘的根目录下。

二、英文拼写检查

打开素材文件夹中的"英文拼写检查.docx"文档，对其中的文档进行英文拼写检查，效果如图 4.33 所示。

（1）拼写检查：改正文档中拼写错误的英文单词。

（2）按照样文为文档段落添加项目符号。

面朝大海，春暖花开

海子

从明天起，做一个幸福的人
喂马、劈柴，周游世界
从明天起，关心粮食和蔬菜
我有一所房子，面朝大海，春暖花开
从明天起，和每一个亲人通信
告诉他们我的幸福
那幸福的闪电告诉我的
我将告诉每一个人
给每一条河每一座山取一个温暖的名字
陌生人，我也为你祝福
愿你有一个灿烂的前程
愿你有情人终成眷属
愿你在尘世获得幸福
我只愿面朝大海，春暖花开

作者简介

海子原名查海生，生于 1964 年 3 月 24 日，在农村长大。1979 年 15 岁时考入北京大学法律系，1982 年开始诗歌创作，不到 7 年的时间里，海子用超乎寻常的热情和勤奋，才华横溢地创作了近 200 万字的作品，当时即被称为"北大三诗人"之一。1989 年 3 月 26 日，海子在山海关卧轨自杀，年仅 25 岁。

图 4.32　诗歌排版效果图

（3）操作完成后，将文件以"英文拼写检查.docx"为文件名保存在"我的电脑"D 盘的根目录下。

- ⤷ Maybe God wants us to meet a few wrong people before meeting the right one so that when we finally meet the right person, we will know how to be grateful for that gift.
- ⤷ When the door of happiness closes, another opens, but often times we look so long at the closed door that we don't see the one which has been opened for us.
- ⤷ The best kind of friend is the kind you can sit on a porch and swing with, never say a word, and then walk away feeling like it was the best conversation you've every had.

图 4.33 英文拼写检查效果图

三、拼音添加

kōngshān bú jiàn rén　　dàn wén rén yǔ xiǎng
空 山 不 见 人， 但 闻 人 语 响。

fǎn yǐng rù shēn lín　　fù zhàoqīng tái shàng
返 影 入 深 林， 复 照 青 苔 上。

图 4.34 拼音添加效果图

打开素材文件夹中的"拼音添加.docx"文档，给文本添加拼音，效果如图 4.34 所示。

（1）添加拼音：给文本添加拼音，并设置拼音的对齐方式为"居中"，偏移量为 3 磅，字体为方正姚体，字号为 14 磅。

（2）操作完成后，将文件以"拼音添加.docx"为文件名保存在"我的电脑"D 盘的根目录下。

任务2　诗歌鉴赏

诗歌鉴赏——面朝
大海，春暖花开

任务描述

本任务通过制作一份诗歌鉴赏来学习页面布局、图文混排、艺术字设置等操作，同时让学生认识到使用 Word 软件也能设计出美观大方的作品，页面效果如图 4.35 所示。

图 4.35 诗歌鉴赏效果图

制作正式的作品，首先应进行整体的页面设置，包括纸张大小、页边距等设置，如果后面再来做这些工作，将会增加工作量；本作品用到了一些形状及图片，在进行图文混排的时候注意整体美观性。

知识准备

4.2.1　页面布局

1．页边距

页边距指文本内容四周到纸边的距离，包括上、下、左、右边距。单击"页面布局"选项卡→"页面设置"组→"页边距"按钮，可以看到 Word 2010 提供了一些默认选项；也可以在下拉菜单中选择"自定义边距"，在弹出的"页面设置"对话框中的"页边距"选项卡中进行设置。

2．纸张大小

单击"页面布局"选项卡→"页面设置"组→"纸张大小"按钮，在下拉菜单中提供了多种预设的纸张大小，也可以根据需要选择"其他页面大小"，在弹出的"页面设置"对话框中的"纸张"选项卡中进行设置。

3．页面颜色

页面的背景可以是纯粹的颜色，也可以是图案或纹理。单击"页面布局"选项卡→"页面背景"组→"页面颜色"按钮，弹出如图 4.36 所示的下拉菜单，在下拉菜单的颜色面板中，您可以选择自己喜爱的颜色，单击下拉菜单中的"填充效果"可以打开"填充效果"对话框，如图 4.37 所示，在该对话框中有"渐变""纹理""图案""图片"4 个选项卡用于设置特殊的填充效果，设置完成后单击"确定"按钮即可。在设置页面背景颜色时，要注意不能影响到文本内容的阅读。

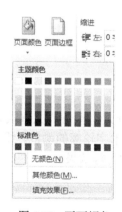

图 4.36　页面颜色

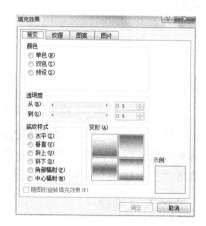

图 4.37　"填充效果"对话框

4．分栏

分栏是将文档中的文本分成两栏或多栏，是文档编辑中的一个基本方法。选择要分栏的文本，单击"页面布局"选项卡→"页面设置"组→"分栏"按钮，选择要分栏的栏数。

如果想对分栏进行详细设置，如栏宽、间距等，则在下拉菜单中单击"更多分栏"，弹出

"分栏"对话框，在对话框中取消对"栏宽相等"的选定，就可以分别设置各栏的宽度及栏间距，如图 4.38 所示。"应用于"选项可以用来设置分栏范围，分栏可以应用于"整篇文档"，也可以应用于"所选文本"。设置好后单击"确定"按钮。

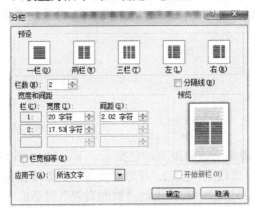

图 4.38 "分栏"对话框

4.2.2 艺术字设置

艺术字是一种包含特殊文本效果的绘图对象。对艺术字可以进行旋转、着色、拉伸或调整字间距等操作，以达到最佳效果。

1．插入艺术字

将鼠标放在要插入艺术字的位置上，单击"插入"选项卡→"文本"组→"艺术字"按钮，选择一种内置的艺术字样式，文档中将自动插入含有默认文字"请在此放置您的文字"和所选样式的艺术字，并且功能区将显示"绘图工具"的上下文菜单。

2．编辑艺术字

选择要修改的艺术字，单击"绘图工具格式"选项卡，功能区将显示艺术字的各类操作按钮，如图 4.39 所示。

图 4.39 绘图工具格式选项卡

在"艺术字样式"分组里，可以重新选择艺术字的外观样式，单击"文本填充"按钮可以对艺术字填充颜色或纹理；单击"文本轮廓"按钮可以对艺术字轮廓的颜色、线形、粗细等进行设置；单击"文本效果"按钮可以为艺术字添加投影、发光等效果。

4.2.3 图片的插入及编辑

1．插入图片

单击"插入"选项卡→"插图"组→"图片"按钮，会弹出"插入图片"对话框，在本地磁盘中选择自己所需的图片后，单击"插入"按钮即可。插入图片之后，在功能区将会显示"图片工具格式"选项卡，单击该选项卡，功能区将显示图片的各类操作按钮，如图 4.40 所示。

图 4.40　图片工具格式选项卡

2．移动图片

拖动图片可以移动其位置，除了"嵌入型"环绕方式的图片只能放置在段落标记处，其他环绕方式的图片可以拖放到任何位置。单击键盘上的方向键可以对图片进行上、下、左、右的微移。

3．修饰图片

在 Word 中可以对图片添加边框和设置一些特殊效果。单击"图片工具格式"选项卡，在"图片样式"组中选用预设的图片样式对图片进行修饰，还可以单击"图片边框"和"图片效果"按钮，对图片进行自定义修饰。

4．文字环绕

环绕决定了图片之间及图片和文字之间的位置关系。单击"图片工具格式"选项卡→"排列"组→"自动换行"按钮，在下拉菜单中可以选择图片的环绕方式，如图 4.41 所示。

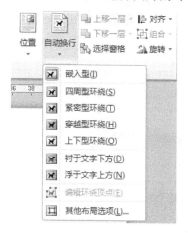

图 4.41　文字环绕

Word 2010 中共提供了 7 种文字环绕方式，每种文字环绕的含义如下所述：

- 嵌入型：图片作为一行文字的一部分。
- 四周型环绕：不管图片是否为矩形图片，文字以矩形方式环绕在图片的四周。
- 紧密型环绕：文字紧靠图片的边缘进行环绕。
- 穿越型环绕：文字可以穿越不规则图片的空白区域环绕图片。
- 上下型环绕：文字环绕在图片的上方和下方。
- 衬于文字下方：图片在下、文字在上，分为两层，文字覆盖图片。
- 浮于文字上方：图片在上、文字在下，分为两层，图片覆盖文字。

5．缩放图片

选定图片，图片的四周会出现 8 个控制手柄，通过拖动控制点可以对图片进行缩放，如果需要对图片的尺寸进行精确控制，则可以单击"图片工具格式"选项卡→"大小"组→"大小对话框启动器"按钮，弹出"布局"对话框，在对话框的"大小"选项卡中对图片进行精确控制，选定"锁定纵横比"可选项，图片的长与宽将按相同的比例进行缩放。

6．裁剪图片

选定图片，单击"图片工具格式"选项卡→"大小"组→"裁剪"按钮，图片四周会出现 8 个裁剪手柄，将鼠标移动到任意一个手柄上进行拖动，线框内的部分即留下的图形部分，线框外的即被删除的部分，拖动完毕后按"Enter"键即完成裁剪。这种裁剪操作是可以恢复的，即可以通过裁剪的方式把原被裁掉的内容重新显示出来。

4.2.4　形状的绘制及编辑

1．绘制形状

单击"插入"选项卡→"插图"组→"形状"按钮，在弹出的下拉菜单中选择要绘制的形状，此时鼠标指针会变成十字形，拖动鼠标即可绘制相应大小的自选形状。

2．编辑形状

选定绘制的形状，会出现"绘图工具格式"选项卡，在"形状样式"组中选择一种外观样式，样式将直接应用到绘制的形状上。单击"形状填充"按钮，选择下拉菜单中的命令实现对形状内部填充颜色、纹理或图案；单击"形状轮廓"按钮，选择下拉菜单中的命令实现对形状轮廓的颜色、粗细及线型进行编辑。

也可以单击"形状样式"组中右下角的 按钮，在弹出的"设置形状格式"对话框中设置形状外观，如图 4.42 所示。

图 4.42　"设置形状格式"对话框

3．形状的旋转及变形

选定形状，这时形状的上面会出现一个绿色的小圆点，称为"旋转控制点"，把鼠标移至该控制点上，拖动鼠标即可旋转图形。

有些形状在被选中时，周围会出现一个或多个黄色菱形块，称为"调整控制点"，用鼠标拖动这些控制点可以对形状进行变形。

4．在形状中添加文字

选定形状，右击鼠标，在弹出的快捷菜单中选择"添加文字"，即可实现在图形中添加文字。形状中的文字可以像普通文字一样进行字体和段落的设置。

5．形状的排列

将多个形状进行组合之后，它们将变成一个整体，可以当成一个对象进行编辑。将要进行组合的形状全部选定，然后单击"绘图工具格式"选项卡→"排列"组→"组合"按钮，在下拉菜单中选择"组合"命令，可将选定的多个形状组合成一个整体，组合之后的对象也可以"取消组合"。图 4.43 显示的是"组合"之前的状态，每一个星形都是单独的，图 4.44 显示的是"组合"之后的状态，4 个星形作为一个整体可以一起移动、一起编辑。

 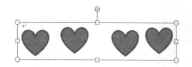

图 4.43　"组合"之前　　　　　　　　　图 4.44　"组合"之后

有时需要将多个形状（或是对象）进行对齐并等间距排列。将要进行组合的形状全部选定，单击"绘图工具格式"选项卡→"排列"组→"对齐"按钮，在弹出的下拉菜单中选择对齐和排列的方式。图 4.45 显示的是"排列"之前的状态，4 个星形高低各不相同，间距也不一样，图 4.46 显示的是经过"底端对齐"和"横向分布"之后的状态。

图 4.45　"排列"之前　　　　　　　　　图 4.46　"排列"之后

当多个形状有重叠时，可能需要更改形状的叠放次序，选定某个形状，单击"绘图工具格式"选项卡，单击"上移一层"或"下移一层"按钮，来更改选定形状的叠放位置。

4.2.5　设置文本框

文本框是一种特殊的文本对象，放置在文本框内的文本可在页面上的任何位置进行移动，并可以随意调整文本框的大小。

1．插入文本框

单击"插入"选项卡→"文本"组→"文本框"按钮，在弹出的下拉菜单中单击一种内置的文本框样式，将自动在文档中插入相应外观样式的文本框，将其内部的文字改成自己的内容。此外，也可以在下拉菜单中选择"绘制文本框"或"绘制竖排文本框"，此时，鼠标将变成十字形，通过拖动鼠标来创建文本框。

2．编辑文本框

单击文本框中间空白的文本编辑区，即可在文本框内输入内容。当文本框太小，不能显示全部输入内容时，可通过拖动文本框的控制点来调整文本框的大小。

设置文本框外观，首先要选定文本框，单击"绘图工具格式"选项卡→"形状样式"组→"形状填充"按钮，选择下拉菜单中的命令实现对文本框内部填充颜色、纹理或图案；单击"形状轮廓"按钮，选择下拉菜单中的命令实现对文本框轮廓的颜色、粗细及线型进行编辑。也可以单击"形状样式"组中右下角的 按钮，在弹出的"设置形状格式"对话框中设置文本框外观。

4.2.6　打印设置

当完成了对文档的各种设置后，就可以对文档进行打印输出。单击"文件"选项卡，再单击"打印"命令，弹出"打印"页面，如图 4.47 所示。

图 4.47 "打印"页面

在"打印"页面的右边是打印预览，左边是打印参数的设置。在设置区，用户可以设定打印的份数、打印范围、是否双面打印等，设置好之后，单击"打印"按钮就可以进行打印输出了。

如果只想打印文档中的某些页面，则应在"页数"栏中输入要打印的那几个页码，多个页码之间用逗号分隔，如设置为"4，7，8"，则只打印第 4 页、第 7 页和第 8 页；如果打印连续的多个页面，则可以用中画线"-"连接起止页，如设置为"4-8"，则从第 4 页一直打印到第 8 页。

如果有一个很多页的文档需要进行双面打印，则需要将"单面打印"更改成"手动双面打印"，此外还应该单击"文件"选项卡中的"选项"命令，在弹出的"Word 选项"对话框中单击"高级"选项卡，勾选"逆序打印页面"选项，设置好之后单击"打印"按钮进行打印，打印机将先依次打印出所有的奇数页，取出打印后的纸张，反过来放入打印机，继续完成偶数页的打印。

任务实施

▌任务要求

（1）新建一 Word 文档，复制"诗歌鉴赏（素材）.txt"文本到 Word 文档中，以"诗歌鉴赏"命名，保存到 E 盘中。

（2）页面设置：A4 纸，纵向；页边距：上、下、左、右均为 2.2 厘米。

（3）将文档标题行的字体设置为黑体、一号。

（4）将文档副标题的字体设置为仿宋、小二号、倾斜。

（5）将正文诗词部分的字体设置为楷体、三号。

（6）将文本"作者简介"的字体设置为黑体、四号、加着重号。

（7）将文档的标题和副标题行均设置为居中对齐。

（8）将正文诗词部分的左侧缩进 11 个字符，单倍行距。

（9）将正文最后一段首行缩进 2 个字符，并设置行距为固定值 20 磅。

（10）插入图片"图片 1.jpg"，环绕方式为"衬于文字下方"，调整图片大小，如图 4.35 所示。

（11）将所有文本设置为黄色。

（12）插入如效果图 4.35 所示的形状。

（13）操作完成，保存文件。

实施思路

1．启动 Word 2010，单击"文件"选项卡→"新建"命令→"空白文档"按钮，再单击右下角的"创建"按钮，新建一个 Word 空白文档。打开"诗歌鉴赏（素材）.txt"，将文档中的所有内容复制到这个空白文档中。单击"文件"→"保存"→"计算机"，弹出"另存为"对话框，"保存地址"单击 E 盘，"文件名"输入"诗歌鉴赏"。

2．页面布局

单击"页面布局"选项卡→"页面设置"组→"纸张大小"按钮，在下拉菜单中选择"A4"，单击"纸张方向"按钮，在下拉菜单中选择"纵向"，单击"页边距"按钮，在下拉菜单中选择"自定义边距"，在弹出的对话框中设置页边距上、下、左、右均为 2.2 厘米，如图 4.48 所示。

图 4.48　页面设置

3．将标题"面朝大海　春暖花开"内容选定，单击"开始"选项卡→"字体"组，设置标题字体为黑体、字号一号。

4．将副标题"海子"内容选定，单击"开始"选项卡→"字体"组，设置副标题字体为仿宋、字号小二号、字形倾斜。

5．将正文诗词部分内容选定，单击"开始"选项卡→"字体"组，设置正文诗词部分字体为楷体、字号三号。

6. 将文本"作者简介"选定，单击"开始"选项卡→"字体"组，设置文本"作者简介"的字体为黑体、字号为四号，单击"字体对话框启动器"，打开"字体"对话框，设置"作者简介"加着重号，如图 4.49 所示。

图 4.49　字体设置

7. 将文档的标题和副标题行内容选定，单击"开始"选项卡→"段落"组→"居中"按钮。

8. 将正文的诗词部分内容选定，单击"开始"选项卡→"段落"组→"段落对话框启动器"，打开"段落"对话框，设置缩进→左侧为 11 个字符，行距为单倍行距，如图 4.50 所示。

图 4.50　段落格式设置

9. 将正文最后一段内容选定，单击"开始"选项卡→"段落"组→"段落对话框启动器"，打开"段落"对话框，设置缩进→特殊格式→首行缩进 2 个字符，行距为固定值 20 磅，如图 4.51 所示。

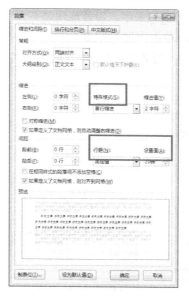

图 4.51　段落格式设置

10．插入图片：样文中所示位置，单击"插入"选项卡→"插图"组→"图片"按钮，插入图片 1.jpg（如果图片不能正常显示，请将图片所在的行距设置为单倍行距），选择图片，单击"绘图工具格式"选项卡→"排列"组→"位置"按钮，设置环绕方式为"衬于文字下方"，如图 4.52 所示，通过拖拉的方式将图片 1.jpg 调整至合适的大小。

图 4.52　设置图片位置

11．将所示文本选定，单击"开始"选项卡→"字体"组，设置文本颜色为黄色。

12．绘制形状：

（1）单击"插入"选项卡→"插图"组→"形状"按钮，选择太阳形，在文中相应位置绘制太阳形，在"绘图工具格式"选项卡中，设置形状填充为"图片"，选择图片 2。

（2）单击"插入"选项卡→"插图"组→"形状"按钮，选择云形，在文中相应位置绘制云形，在"绘图工具格式"选项卡中，设置形状填充为"图片"，选择图片 3。

（3）单击"插入"选项卡→"插图"组→"形状"按钮，选择五角星形，在文中相应位置绘制五角星形，在"绘图工具格式"选项卡中，设置形状填充为"黄色"，图片轮廓为"红色"。

（4）将三个形状一起选定，单击"图片工具"选项卡→"大小"组，设置大小为高和宽均为2厘米，单击"排列"组→"对齐对象"，设置底端对齐。

13．单击保存。

拓展训练——最美的你

效果如图4.53所示。

图 4.53　效果图

任务要求

1．页面布局：设置纸张大小为A4，页边距上、下各为2.5厘米，左、右各为2厘米。

2．标题设置：设置标题字体为隶书、二号字、加粗，颜色为深红色，段落间距为段后1行，居中显示。

3．正文字体、段落格式设置：

（1）所有段落首行缩进2个字符。

（2）第一段字体为幼圆、小四、绿色，添加一个项目符号，如图4.53所示。

（3）第四段字体为楷体、小四。

（4）设置第五段字体为幼圆，边框为单线边框，底纹为橙色。

（5）设置第六段中的"无限美丽"为紫色，加上着重号，效果为阴影。

（6）将最后一段的最后一句设置为楷体、四号、深红色，加上深红色波浪下画线。

4．分栏设置：设置第二、三段分为三栏，添加分隔线。

5．首字下沉设置：第二段首字下沉，字体为隶书，下沉行数为2。

6．在最后一段前面插入"图片.jpg"，文字环绕方式为"紧密环绕型"，如图4.53所示。

7．在文档最后插入三个心形形状，填充红色，无轮廓，如图4.53所示。

8．操作完成后，以"最美的你"为文件名保存文件到E盘。

任务 3　散文赏析

任务描述

散文赏析 —— 春天的感悟

　　本任务通过对散文进行格式的编排，来学习艺术字设置，文本框设置及页眉页码的添加，设计出美观大方的作品，样文内容页面效果如图 4.54 所示。

图 4.54　样文效果

任务分析

　　对于本作品，标题是艺术字，美观而又突出；作品中有图片和文本框，在进行图文混排的时候注意整体美观性。

知识准备

4.3.1 艺术字设置

艺术字是一种包含特殊文本效果的绘图对象。可以对艺术字进行旋转、着色、拉伸或调整字间距等操作，以达到最佳效果。

1. 插入艺术字

将鼠标放在要插入艺术字的位置上，单击"插入"选项卡→"文本"组→"艺术字"按钮，选择一种内置的艺术字样式，文档中将自动插入含有默认文字"请在此放置您的文字"和所选样式的艺术字，并且功能区将显示"绘图工具"的上下文菜单。

2. 编辑艺术字

选择要修改的艺术字，单击"绘图工具格式"选项卡，功能区将显示艺术字的各类操作按钮，如图 4.55 所示。

图 4.55　绘图工具格式选项卡

在"艺术字样式"分组里，可以重新选择艺术字的外观样式，单击"文本填充"按钮可以对艺术字填充颜色或是纹理；单击"文本轮廓"按钮可以对艺术字轮廓的颜色、线形、粗细等进行设置；单击"文本效果"按钮可以为艺术字添加投影、发光等效果。

4.3.2 设置文本框

文本框是一种特殊的文本对象，放置在文本框内的文本可在页面上的任何位置进行移动，并可以随意调整文本框的大小。

1. 插入文本框

单击"插入"选项卡→"文本"组→"文本框"按钮，在弹出的下拉菜单中单击一种内置的文本框样式，将自动在文档中插入相应外观样式的文本框，将其内部的文字改成自己的内容。此外，也可以在下拉菜单中选择"绘制文本框"或"绘制竖排文本框"，此时，鼠标将变成十字形，通过拖动鼠标来创建文本框。

2. 编辑文本框

单击文本框中间的空白文本编辑区，即可在文本框内输入内容。当文本框太小，不能显示全部输入内容时，可通过拖动文本框的控制点来调整文本框的大小。

设置文本框外观，要选定文本框，单击"绘图工具格式"选项卡→"形状样式"组→"形状填充"按钮，选择下拉菜单中的命令实现对文本框内部填充颜色、纹理或是图案；单击"形状轮廓"按钮，选择下拉菜单中的命令实现对文本框轮廓的颜色、粗细及线型进行编辑。您也可以单击"形状样式"组中右下角的 按钮，在弹出的"设置形状格式"对话框中设置文本框外观。

4.3.3　页眉和页脚

页眉和页脚常用来插入标题、日期、页码、公司徽标等，分别位于文档页面的顶部和底部的页边距中。单击"插入"选项卡→"页眉和页脚"组→"页眉"（或"页脚"）按钮，在下拉菜单中选择"编辑页眉"（或"编辑页脚"），即会出现"页眉和页脚工具设计"选项卡，如图4.56所示。

1．设置页眉和页脚

单击"导航"组中的"转至页眉"或"转至页脚"按钮，可以在页眉和页脚之间进行切换。如果长文档中不同的节需要设置不同的页眉，则应该单击"链接到前一条页眉"按钮，使其变成灰色，然后单击"上一节"或"下一节"按钮，在不同节中分别设置不同的页眉或页脚。

图4.56　"页眉和页脚工具设计"选项卡

2．添加页码

单击"页眉和页脚"组中的"页码"按钮，选择页码插入的位置进行插入，如果需要设置页码的编号格式或起始页码，则可以单击"页码"→"设置页码格式"命令，在弹出的"页码设置"对话框中进行设置。

4.3.4　脚注和尾注

脚注和尾注是对文本的补充说明。脚注一般位于页面的底部，可以作为文档某处内容的注释；尾注一般位于文档的末尾，用于列出引文的出处等。在Word 2010中，脚注与尾注的操作位置在"引用"选项卡的"脚注"组中，如图4.57所示。

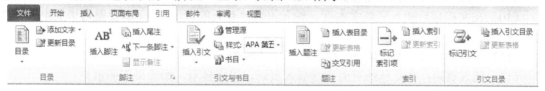

图4.57　"引用"选项卡

脚注和尾注均由两部分组成，即注释引用标记和其对应的文本。

1．插入脚注和尾注

把光标定位到正文需要进行注释的地方，单击"引用"选项卡→"脚注"组→"脚注"按钮（或"尾注"按钮），正文中会自动进行编号，并且此时光标定位在页脚处（或文档末尾处）等待你输入脚注内容（或尾注内容）。

2．修改脚注和尾注格式

如果需要修改脚注和尾注的编号格式，可以单击"脚注"组中右下角的 按钮，打开如图4.58所示的"脚注和尾注"对话框，在"格式"区域中进行设置。

在"脚注和尾注"对话框中也可以实现"脚注"和"尾注"的转换。

图 4.58 "脚注和尾注"对话框

任务实施

任务要求

打开文件"春天的感悟（素材）.docx"，按如下要求进行编辑：

（1）页面布局：纸张 A4 纸，设置页边距上、下、左、右均为 2 厘米。

（2）设计页面背景：页面颜色为"橄榄色、着色 2、淡色 80%"。

（3）艺术字设置：将标题"春天的感悟"设置艺术字，艺术字样式为第三行第三个，位置设置为文本环绕 "上下型"，将艺术字标题移动到居中位置。

（4）文本和段落格式设置：正文各段内容设置为宋体、四号，文本颜色为（红色、着色 2、深色 25%），单倍行距、首行缩进 2 个字符。

（5）设置分栏：将第 2 段的内容设置为栏宽相等的两栏格式，显示分隔线。

（6）插入图片：在效果图所示位置插入图片"图片.jpg"，调整缩放至 23%，文字环绕设置为"四周型环绕"，图片边框为方点，边框粗细为 3 磅、紫色。

（7）设置分隔线：将最后一段设置下边框线，要求双下划线、绿色、3 磅。

（8）正文第 3 段到第 7 段，每段的第一句话底纹颜色设置为浅蓝色。

（9）正文的第 3 段到第 7 段的内容添加项目符号，如效果图所示。

（10）在文档最后插入简单文本框，输入内容"春天的音符"，文本设置为华文隶书、二号、黄色，在文本框居中显示。

（11）设置文本框：形状填充，绿色、无形状轮廓。

（12）插入页码：在文档的页面底端插入页码，居中显示，如效果图所示。

（13）打印设置：打印预览文档。

实施思路

1．页面设置：单击"页面布局"选项卡→"页面设置"组→"页边距"按钮，选择"自定义边距"，在弹出的"页面设置"对话框中选择页边距选项卡进行设置，在页边距中设置上、下、左、右的值均为 2 厘米。

2．设计页面背景：单击"设计"选项卡→"页面背景"组→"页面颜色"按钮，选择"橄榄色、着色 2、淡色 80%"。

3．艺术字设置：选中标题"春天的感悟"，单击"插入"选项卡→"文本"组→"艺术字"按钮，单击第三行第三个，单击"绘图工具"→"格式"选项卡→"排列"组→"位置"按钮→"其他布局选项"按钮，弹出"布局"对话框，单击"文字环绕"选项卡→"环绕方式"→"上下型"按钮，如图 4.59 所示。

图 4.59　"布局"对话框

4．文本和段落格式设置：选定正文各段，单击"开始"选项卡→"字体"组，设置宋体、四号、文本颜色为（红色、着色 2、深色 25%），单击"开始"选项卡→"段落"组→"段落对话框启动器"，打开"段落"对话框，设置单倍行距、首行缩进 2 个字符。

5．设置分栏：选定第二段，单击"页面布局"选项卡→"页面设置"组→"分栏"按钮→"更多分栏"，打开"分栏"对话框，设置为栏宽相等的两栏格式，显示分隔线，如图 4.60 所示。

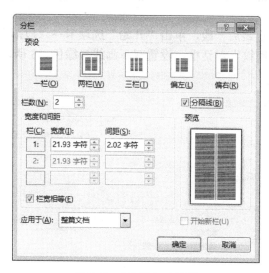

图 4.60　"分栏"对话框

6．插入图片：

（1）在样文中所示位置，单击"插入"选项卡→"插图"组→"图片"按钮，插入"图片"。

（2）选择图片，单击"绘图工具格式"选项卡→"大小"组→"设置图片格式对话框启动器"，打开"设置图片格式对话框"，设置缩放为 23%，如图 4.61 所示。

图 4.61　设置图片格式对话框

（3）单击"绘图工具格式"选项卡→"排列"组→"位置"→"其他布局选项"，打开"布局"对话框，设置"文字环绕"为"四周型"。

（4）选择图片，单击"绘图工具格式"选项卡→"图片样式"组→"图片边框"→"虚线"→"方点"；再次单击"图片边框"→"粗细"→"3 磅"；再次单击"图片边框"→"主题颜色"→"紫色"。

7. 设置分隔线：选定最后一段，单击"开始"选项卡→"段落"组→"边框"→"边框和底纹"，打开"边框和底纹"对话框，设置双下画线、绿色、3 磅，如图 4.62 所示。

图 4.62　设置边框和底纹对话框

8．选定正文第 3 段到第 7 段的每段第一句话，单击"开始"选项卡→"段落"组→"底纹"→"浅蓝色"。

9．选定正文第 3 段到第 7 段，单击"开始"选项卡→"段落"组→"项目符号"→"◆"。

10．插入文本框：

（1）鼠标定位于文档最后，单击"插入"选项卡→"文本"组→"文本框"→"简单文本框"，输入内容"春天的音符"。

（2）选择文本，单击"开始"选项卡→"字体"组，设置文本为华文隶书，二号，黄色，单击"开始"选项卡→"段落"组→"居中"。

（3）选定文本框，单击"绘图工具格式"→"形状样式"组→"形状填充"→"主题颜色"→"绿色"；单击"形状轮廓"→"无轮廓"。

11．插入页码：鼠标定位于文档最后，单击"插入"选项卡→"页眉和页脚"组→"页码"→"页面底端"→"普通数字 2"。

单击"文件"→"打印"。

拓展训练——知心朋友

样文效果展示如图 4.63 所示。

图 4.63　知心朋友效果图

打开素材"知心朋友"文档，参照"知心朋友效果图"，按以下要求进行操作：

（1）页面布局：设置纸张大小为 A4 纸，纵向；页边距，上、下、左、右各 2 厘米；将正文第二段设置为两栏格式，加分隔线。

（2）设置艺术字：将标题"知心朋友"设置为艺术字，样式为第 3 行第 4 个；文字效果设置为转换——弯曲——"双波形 1"，阴影设置为外部——向右偏移；位置设置环绕方式为"上下型"，并按效果图适当调整标题艺术字的位置。

（3）设置字体：将正文第一、二段设置为楷体、四号字；第三段设置为黑体、三号字；其余正文段落设置为小四号字；为第一段"有这样一则故事"七个字加上着重号。

（4）段落格式设置：将正文前三段设置为首行缩进 2 字符；第三段设置为段前段后各 0.5 行；最后 5 段设置为左缩进 2 字符，行距固定值 20 磅。

（5）设置边框和底纹：为正文最后 5 段设置上下双波浪型边框；为正文最后 5 段设置底纹，颜色为浅蓝色。

（6）设置项目符号或编号：为正文最后 5 段设置如图 4.63 所示的项目符号。

（7）插入图片：在图 4.63 所示的位置插入图片"图片.jpg"，图片环绕方式设置为"紧密型环绕"。

操作完成后，将"知心朋友"保存到 E 盘。

任务4　制作求职简历表

制作个人简历

▎任务描述

临近毕业，许多高校毕业生转战于各大人才市场，简历无疑是大学生向用人单位展示自己的第一个机会。本任务主要通过设计一份求职简历表，来学习 Word 2010 中有关表格的制作，求职简历表效果图如图 4.64 所示。

求职简历

姓名	王明	性别	男	
政治面貌	党员	籍贯	江西	
年龄	22岁	身高	178cm	
毕业院校	长江专科学校	所学专业	计算机网络	
应聘职位	网页设计师，网络管理员			
通信地址	北京海淀区中华路长江专科学校，邮编100080			
联系电话	13123456789	电子邮箱	1234567@qq.com	
外语能力	英语四级	计算机水平	全国计算机三级	
兴趣爱好	♦ 运动健身 ♦ 听音乐 ♦ 旅游			
社会实践	♦ 2014 年任院学生会主席 ♦ 曾参加长江专科学校组织的"三下乡"活动 ♦ 2014.10—2014.12 在北京市利威网络公司实习二个月			
自我评价	♦ 诚实，自信，有恒心，善于沟通 ♦ 有一定的协调组织能力，适应能力强 ♦ 有较强的责任心和吃苦耐劳的精神			

图 4.64　求职简历表效果图

任务分析

个人简历的制作主要用到了 Word 中有关表格的编辑和排版，主要包括表格的创建，表格的格式设置、自动套用格式、表格的转换、表格数据的排序和计算、邮件合并等操作。

知识准备

4.4.1　创建表格

1．使用网络创建表格

首先将光标定位到需要创建表格的位置，再单击"插入"选项卡→"表格"组→"表格"按钮，会出现一个表格行数和列数的选择区域，如图 4.65 所示。拖动鼠标选择表格的行数和列数，释放鼠标就可在文档中出现相应的表格。

图 4.65　"表格"按钮下拉框

2．使用"插入表格对话框"创建表格

单击"插入"选项卡→"表格"组→"表格"按钮，在下拉菜单中选择"插入表格"选项，会弹出"插入表格"对话框，如图 4.66 所示；在"行数"和"列数"框中输入需要表格的行列数，还可以在"自动调整操作"选项组中设置表格的列宽，或者单击"根据内容调整表格"和"根据窗口调整表格"单选按钮来创建表格的格式；最后单击"确定"按钮即可插入表格。

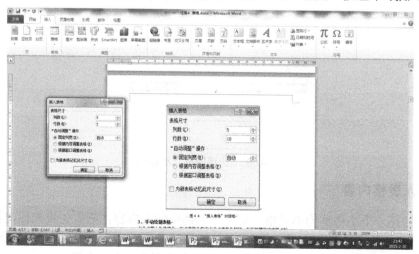

图 4.66　"插入表格"对话框

3．手动绘制表格

单击"插入"选项卡→"表格"组→"表格"按钮，在下拉菜单中选择"绘制表格"选项，如图 4.65 所示，鼠标将转变为"笔"的样式；在文档空白处，通过拖动鼠标左键可以绘制出表格的边框，如图 4.67 所示。

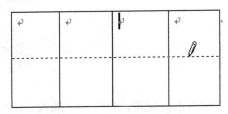

图 4.67　绘制表格

完成表格的绘制后，按下键盘上的"Esc"键，或者单击"表格工具"功能区→"设计"选项卡→"绘图边框"组→"绘制表格"按钮，可以结束表格绘制状态，如图 4.68 所示。

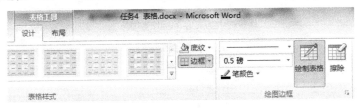

图 4.68　绘图边框

4．插入快速表格

单击"插入"选项卡→"表格"组→"表格"按钮，在下拉菜单中选择"快速表格"选项，在弹出的子选项中选择合适的表格，如图 4.69 所示，从而十分方便、快捷地创建好表格。

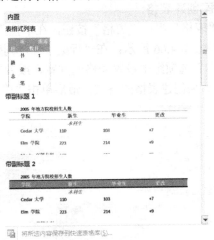

图 4.69　"快速表格"对话框

4.4.2　输入表格内容

表格中的每一个小格称为单元格。要在单元格中输入内容，需要先将光标定位到单元格中，通过在单元格中单击鼠标左键，或者使用方向键将光标移动到单元格中，然后再输入内容。每输入完一个单元格内容，按下"Tab"键，光标将移到下一个单元格。

4.4.3 编辑表格

1．选定表格

（1）选定单元格：将鼠标指针指向单元格的左边，当鼠标指针变为一个指向右上方的黑色箭头时，单击可以选定该单元格。

（2）选定行：将鼠标指针指向行的左边，当鼠标指针变为一个指向右上方的白色箭头时，单击可以选定该行；如拖动鼠标，则拖动过的行被选中。

（3）选定列：将鼠标指针指向列的上方，当鼠标指针变为一个指向下方的黑色箭头时，单击可以选定该列；如水平拖动鼠标，则拖动过的列被选中。

（4）选定连续单元格：在单元格上拖动鼠标，拖动的起始位置和终止位置间的单元格将被选定；也可以通过单击位于起始位置的单元格，然后按住"Shift"键单击位于终止位置的单元格，这样起始位置和终止位置间的单元格也将被选定。

（5）选定不连续单元格：在按住"Ctrl"键同时拖动鼠标可以在不连续的区域中选择单元格。

（6）选定整个表格：单击表格左上角的十字花的方框标记，可选择整个表格。

2．移动或复制单元格、行和列

对单元格的移动或复制操作可以通过鼠标拖动或剪贴板来完成。首先用鼠标选定区域，然后按下鼠标左键拖动鼠标即可；如果在拖动过程中按住"Ctrl"键，就可以将选定的区域复制到新的位置。行和列的移动或复制操作类似。

3．插入单元格、行和列

（1）在表格中插入行：首先选定表格中要插入新行的位置，然后单击"表格工具"功能区→"布局"选项卡→"行和列"组→"在上方插入"或"在下方插入"按钮，如图 4.70 所示。也可以在选定行后，右击鼠标，在弹出的快捷菜单中选择"插入"命令，会弹出子菜单，再选定"在上方插入行"或"在下方插入行"选项。

如果将光标移到表格中某一行的最后一列单元格的后面，按"Enter"键，即可在这一行的后面插入一个新行。

（2）在表格中插入列：和插入行的方法相同，可以在选定列的左侧或右侧插入与选定列数相同的列。

（3）插入单元格：选定插入位置上的单元格，右击鼠标，在弹出的快捷菜单中选择"插入"命令，在弹出的子菜单中再选择"插入单元格"选项；也可以选定单元格后，单击"表格工具"功能区→"布局"选项卡→"行和列"组右下角的按钮，也将打开"插入单元格"对话框，如图 4.71 所示。

图 4.70　插入行和列

图 4.71　"插入单元格"对话框

4．删除单元格、行、列和表格

先选中要删除的单元格、行、列或表格，然后单击"表格工具"功能区→"布局"选项卡→"行和列"组→"删除"按钮，将会弹出一个下拉菜单，如图 4.72 所示，再选择相应的选项。删除行后，被删除行下方的行自动上移；删除列后，被删除列右侧的列自动左移。

图4.72　表格删除下拉菜单

5. 合并和拆分单元格

合并单元格是将两个或两个以上的单元格合成一个单元格，拆分单元格是将一个单元格拆成两个或多个单元格。

（1）合并单元格：首先选定要合并的两个或多个单元格，再单击"表格工具"功能区→"布局"选项卡→"合并"组→"合并单元格"按钮，如图4.73所示；也可以右击鼠标，在弹出的快捷菜单中选择"合并单元格"选项。

（2）拆分单元格：选定要拆分的一个或多个单元格，单击"表格工具"功能区→"布局"选项卡→"合并"组→"拆分单元格"按钮；也可以右击鼠标，在快捷菜单中选择"拆分单元格"选项，在弹出的"拆分单元格"对话框中输入拆分的行数和列数，如图4.74所示。

图4.73　合并单元格　　　　图4.74　"拆分单元格"对话框

（3）拆分表格：首先选定要拆分处的行，再单击"表格工具"功能区→"布局"选项卡→"合并"组→"拆分表格"按钮，一个表格就从光标处分成两个表格。

6. 移动和缩放表格

（1）移动表格：可将鼠标指针指向表格左上角的移动标记，如图4.75所示；然后按下左键拖动鼠标，拖动过程中会有一个虚线框跟着移动，当虚线框到达需要的位置后松开左键，即可将表格移动到指定位置。

（2）缩放表格：可将鼠标指针指向表格右下角的缩放标记，如图4.75所示；然后按下左键拖动鼠标，拖动过程中也有一个虚线框表示缩放尺寸，当虚线框尺寸符合需要后松开左键，即可将表格缩放为需要的尺寸。

7. 改变行高和列宽

（1）将鼠标指针指向需要移动的行线，当指针变为 ⁼ 状时，按下左键拖动鼠标可移动行线。

（2）将鼠标指针指向需要移动的列线，当指针变为 ‖ 状时，按下左键拖动鼠标可移动列线。

（3）如果要准确地指定表格大小、行高和列宽，则要先选定行、列、表格或单元格，再在"布局"选项卡的"单元格大小"组中，输入相应的高度值和宽度值，如图4.76所示。

图4.75　移动和缩放标记　　　　　　图4.76　设置单元格大小

（4）平均分布行列：如果需要表格的大部分行列的行高或列宽相等，则可以使用平均分布行列的功能。该功能可以使选择的每一行或每一列都使用平均值作为行高或列宽。设置时，首先选定需要进行设置的行或列，然后单击"表格工具"功能区→"布局"选项卡→"单元格大小"组→"分布行"或"分布列"按钮，如图4.76所示；也可以选定对象后，在右键快捷菜单中选择"平均分布各行"或"平均分布各列"选项，如图4.77所示。

（5）自动调整：首先将光标放在要调整的表格中，再单击"表格工具"功能区→"布局"选项卡→"单元格大小"组→"自动调整"按钮，在弹出的下拉框中选择需要的命令，如图4.78所示。

图4.77　平均分布行或列　　　　　图4.78　自动调整行高、列宽

8．绘制斜线表头

斜线表头是指使用斜线将一个单元格分隔成多个区域，然后在每一个区域中输入不同的内容，如图4.79所示。

首先把光标定位到单元格中，然后单击"表格工具"功能区→"设计"选项卡→"表格样式"组→"边框"按钮旁的下三角形，将会弹出一个下拉菜单，选择"斜下框线"或"斜上框线"选项进行设置，如图4.80所示；也可以直接手动绘制斜线表头。

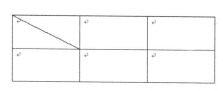

图4.79　斜线表头　　　　　　　　图4.80　绘制斜线表头

4.4.4　设置表格

1．设置字符格式

对单元格里的文本内容可以进行字体、字号、颜色等设置，这和前面所介绍的字符格式设置的方法相同，都需要先选定内容再进行设置。

图4.81 单元格对齐方式

2. 设置单元格对齐方式

首先选定需要对齐文本的单元格,在"表格工具"功能区→"布局"选项卡→"对齐方式"组的9种对齐方式中,根据需要可选取任意一种对齐方式,如图4.81所示;或者单击鼠标右键,在弹出的快捷菜单中单击"单元格对齐方式"命令,也可以弹出9种对齐方式,然后选择相应的对齐方式。

3. 设置文字方向

首先选定需要改变文字方向的单元格,然后单击"表格工具"功能区→"布局"选项卡→"对齐方式"组→"文字方向"按钮,就能改变当前单元格的文字方向为横向或竖向,如图4.82所示。

4. 设置表格在页面中的位置

设置表格在页面中的位置包括表格的对齐方式和文字环绕方式。将光标移至表格中任意单元格内,单击"表格工具"功能区→"布局"选项卡→"表"组→"属性"按钮,将弹出"表格属性"对话框,如图4.83所示。在对话框的"表格"选项卡中可以进行表格的"对齐方式"和"文字环绕"方式的设置。

图4.82 设置文字方向　　　　　图4.83 "表格属性"对话框

5. 表格的边框和底纹

首先选定要设置边框和底纹的单元格,然后单击"表格工具"功能区→"设计"选项卡→"表格样式"组→"边框"或"底纹"按钮,如图4.84所示,完成表格边框和底纹的设置。操作方式和任务1中文本边框和底纹设置的方法类似。

图4.84 表格的边框和底纹

6. 自动套用格式

自动套用格式是Word中提供的一些现成的表格式样,其中已经定义好了表格中的各种格式,用户可以直接选择需要的表格样式,而不必逐个设置表格的各种格式。首先选定要设置的表格,然后在"表格工具"功能区→"设计"选项卡→"表格样式"组中选择需要的表格样式,如图4.85所示。

图 4.85　表格的自动套用格式

4.4.5　表格与文字相互转换

Word 可以将文档中的表格内容转换为以逗号、制表符、段落标记或其他指定字符分隔的普通文本，也可以将文本转换为表格。

1. 表格转换为文字

用鼠标选定表格，然后再选择"表格工具"功能区→"布局"选项卡→"数据"组→"转换为文本"按钮，在弹出的"表格转换成文本"对话框中设置要当作文本分隔符的符号，如图 4.86 所示，最后单击"确定"按钮即可。

2. 文字转换为表格

如果要把文字转换成表格，文字之间必须用分隔符分开，分隔符可以是段落标记、逗号、制表符或其他特定字符。首先选定要转换为表格的正文，单击"插入"选项卡→"表格"组→"表格"下拉按钮，再选定"文本转换成表格"选项，在弹出的"将文字转换成表格"对话框中设置相应的选项，如图 4.87 所示。

图 4.86　"表格转换成文本"对话框

图 4.87　"将文字转换成表格"对话框

4.4.6　表格排序与计算

1. 表格中数据的排序

排序分为升序和降序两种，Word 可以对列方向上的数据进行排序，不能对行方向上的数据进行排序。具体操作是：首先选中表格内任一单元格，单击"表格工具"功能区→"布局"选项卡→"数据"组→"排序"按钮，如图 4.88 所示，会弹出"排序"对话框，如图 4.89 所示。从"主要关键字""次要关键字"等下拉列表中选择要作为排序依据的列标题，在右侧选择排序类型，单击"确定"按钮后，将以所选列为排序基准对整个表格中的数据进行排序。

2. 表格中数据的计算

Word 提供了一些对表格数据诸如求和、求平均值等常用的统计计算功能。利用这些计算功能可以对表格中的数据进行计算。

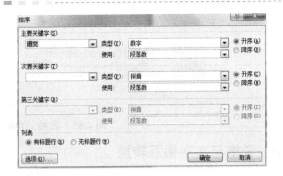

图 4.89 "排序"对话框

图 4.88 表格"排序"按钮

对表格中的数据进行计算：首先单击要放置计算结果的单元格，然后单击"表格工具"功能区→"布局"选项卡→"数据"组→"公式"按钮，如图 4.90 所示；会弹出"公式"对话框，如图 4.91 所示。在"公式"文本框中自动输入了求和公式，也可以修改其中的函数名称或引用范围，或者在"粘贴函数"下拉列表中选择函数，单击"确定"按钮后单元格中即可显示计算结果。

图 4.90 表格"公式"按钮

图 4.91 "公式"对话框

常用的函数有 SUM（总和）、AVERAGE（平均值）、MAX（最大值）和 MIN（最小值）等。而求值区域可以用区域的单词表示，也可以用单元格区域表示。以求和为例，在"公式"对话框的"公式"框里输入"=SUM（求值区域）"。

=SUM(LEFT)：表示求该单元格左侧的数据之和。

=SUM(RIGHT)：表示求该单元格右侧的数据之和。

=SUM(ABOVE)：表示求该单元格上端数据之和。

=SUM(BELOW)：表示求该单元格下端数据之和。

3. 表格中单元格的引用方式

Word 表格中的每个单元格有一个单元格地址，列以英文字母表示，行以自然序数表示，单元格地址如图 4.92 所示。

	A	B	C
1	A1	B1	C1
2	A2	B2	C2
3	A3	B3	C3
4	A4	B4	C4
5	A5	B5	C5

图 4.92 表格单元格地址

4.4.7 邮件合并

Word 2010 邮件合并功能主要应用在填写大量格式相同，只修改少数相关内容，其他文档内容不变的情况下。例如，期末发给学生的成绩报告单，课程的信息都是一样的，只是每个学生的成绩不一样，这就可以使用 Word 的邮件合并功能批量完成。邮件合并的过程主要分为以下 4 个步骤。

1. 制作主文档和数据源

（1）新建一个 Word 文档（主文档），录入相同内容，不同内容处留空，如图 4.93 所示，命名并保存。

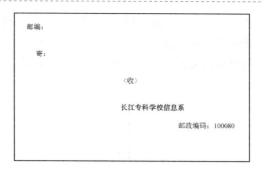

图 4.93　主文档

（2）再利用 Excel 工作表或 Access 数据库创建一个表格（数据源），表格的首行为标题行，其他行为数据行，用于录入不同内容，如图 4.94 所示，命名并保存。

图 4.94　数据源

2．建立主文档与数据源的连接

（1）关闭数据源文件，打开主文档，单击"邮件"选项卡→"开始邮件合并"组→"选择收件人"按钮，在弹出的菜单中选择"使用现有列表"命令，如图 4.95 所示。

图 4.95　选择收件人

（2）在打开的"选取数据源"对话框中，如图 4.96 所示，选择数据源文件，单击"打开"按钮，将打开"选择表格"对话框，如图 4.97 所示；在这个对话框中选择好相应的表格后，单击"确定"按钮。此时"邮件"选项卡中的大部分按钮都变为可用状态。

图 4.96　"选取数据源"对话框

图 4.97　"选择表格"对话框

（3）返回 Word 2010 编辑窗口，将光标定位到需要插入数据的位置，然后单击"邮件"选项卡→"编写和插入域"组→"插入合并域"按钮，如图 4.98 所示。在下拉菜单中单击相应的选项，将数据源一项一项插入主文档相应的位置，如图 4.99 所示。

图 4.98　插入合并域

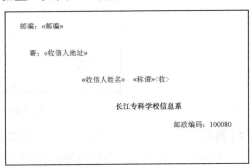

图 4.99　插入数据源信息

3．对数据进行筛选

单击"邮件"选项卡→"开始邮件合并"组→"编辑收件人列表"按钮，在打开的"邮件合并收件人"对话框中可以看到所有数据源信息，选择"筛选"命令，还可以对数据记录进行筛选，如图 4.100 所示。

图 4.100　"邮件合并收件人"对话框

4．完成邮件合并

（1）单击"邮件"选项卡→"预览结果"组→"预览结果"按钮，如图 4.101 所示。此时在主文档中包含插入域的位置上分别由数据源文档中的真实数据替换，可以由此来检验合并后的结果，使用浏览按钮来浏览不同的合并记录。

图 4.101　预览结果

（2）确认无误后，单击"邮件"选项卡→"完成"组→"完成并合并"按钮，如图 4.102 所示；在弹出的菜单中选择"编辑单个文档"命令，将打开"合并到新文档"对话框，单击"全部"单选按钮，最后单击"确定"按钮，如图 4.103 所示，就完成了整个的邮件合并操作。

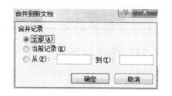

图 4.102　完成并合并　　　　　图 4.103　"合并到新文档"对话框

邮件合并的最后效果如图 4.104 所示。

图 4.104　邮件合并的最后效果

任务实施

任务要求

（1）创建文档：新建一个空白的 Word 文档。

（2）表格标题：在第一行输入"求职简历" 4 个字，设置标题格式为"二号、幼圆、加粗、居中"。

（3）创建表格：在标题下面新建一个 11 行 5 列的表格。

（4）设置表格格式：

① 将表格设置为居中对齐。

② 将表格中各单元格的对齐方式设置为"中部居中"。

③ 设置行高：第 1～8 行为 1.1 厘米，第 9～11 行为 2.2 厘米。

④ 设置列宽：每一列的列宽均为 3 厘米。

（5）合并单元格：按照图 4.64 所示效果，合并相应单元格。

（6）设置表格底纹：按照图 4.64 所示效果，设置表格中相应的单元格底纹填充为"白色，背景 1，深色 15%"。

（7）设置表格边框：设置表格的外边框线为深蓝色 1.5 磅双实线，内框线为深蓝色 1.5 磅单实线，如图 4.64 所示。

（8）输入单元格内容：

① 按照图 4.64 所示效果，输入相应文本，带有底纹颜色单元格的文本字体设为黑体、11磅，其他单元格的文本字体设置为宋体、五号。

② 在对应单元格中插入"照片.jpg"图片，设置照片大小为高度 4 厘米、宽度 2.7 厘米。

（9）设置项目符号：如图 4.64 所示，给表格倒数三行中的第二个单元格添加相应的项目符号，并将这几个单元格的对齐方式设置为"中部两端对齐"。

（10）保存文档：操作完成后，以"求职简历.docx"为文件名，保存在"我的电脑"D 盘的根目录下。

实施思路

（1）创建文档：启动 Word 2010，单击"文件"选项卡→"新建"命令→"空白文档"按钮，再单击右下角的"创建"按钮，新建一个 Word 空白文档。

（2）表格标题：在文档的第一行输入"求职简历"4 个字，然后将标题内容选定，单击"开始"选项卡→"字体"组，设置标题样式的字体为幼圆、字号二号、字形加粗。再单击"开始"选项卡→"段落"组，设置标题居中对齐。

（3）创建表格：先把光标定位到文档的第二行，然后单击"插入"选项卡→"表格"组→"表格"按钮，在下拉菜单中选择"插入表格"选项；在弹出的"插入表格"对话框中的"行数"框中输入 11，"列数"框中输入 5，则在标题下面新建一个 11 行 5 列的表格。

（4）设置表格格式：把光标定位在表格中的任意单元格内，单击"表格工具"功能区→"布局"选项卡→"表"组→"属性"按钮，将弹出"表格属性"对话框，在"表格"标签中设置表格的对齐方式为"居中对齐"。再选定表格的所有单元格，单击"表格工具"功能区→"布局"选项卡→"对齐方式"组→"中部居中"按钮，将表格中每个单元格的对齐方式都设置为"中部居中"。然后选定表格的第 1～8 行，在"表格工具"功能区→"布局"选项卡→"单元格大小"组中，输入高度值为"1.1 厘米"，如图 4.105 所示，同样的方法设置第 9～11 行的行高为"2.2 厘米"。设置所有列的宽度值为"3 厘米"。

图 4.105 表格单元格的行高、列宽

（5）合并单元格：首先选定需要进行合并的单元格，如图 4.64 所示，再单击"表格工具"功能区→"布局"选项卡→"合并"组→"合并单元格"按钮，将相应单元格进行合并。

（6）设置表格底纹：按照图 4.64 所示效果，首先选定需要进行底纹设置的单元格，然后单击"表格工具"功能区→"设计"选项卡→"表格样式"组→"底纹"按钮，将所选单元格的底纹填充为"白色，背景 1，深色 15%"。

（7）设置表格边框：首先选定整个表格，然后单击"表格工具"功能区→"设计"选项卡→"表格样式"组→"边框"按钮，打开"边框和底纹"对话框，选择"边框"选项卡，将表格的外边框线设置为深蓝色 1.5 磅双实线，内框线为深蓝色 1.5 磅单实线，如图 4.106 所示。

（8）输入单元格内容：按照图 4.64 所示效果，在对应单元格中输入文本，然后选定带有底纹颜色的单元格，再单击"开始"选项卡→"字体"组中的按钮，设置所选单元格的文本字体为黑体、大小为 11 磅。同样的方法设置其他单元格的文本字体为宋体、字号为五号。接着将光标定位到要插入照片的单元格，单击"插入"选项卡→"插图"组→"图片"按钮，将素材文件夹中的"照片.jpg"图片插入到对应的单元格中；然后选定照片，再在"图片工具"功能区→"格式"选项卡→"大小"组中输入图片高度 4 厘米、宽度 2.厘米。

图 4.106　表格单元格的行高、列宽

（9）设置项目符号：首先选定表格最后一行第二个单元格中的所有文字，接着单击"开始"选项卡→"段落"组→"项目符号"按钮，按照效果图设置好项目符号。然后单击"表格工具"功能区→"布局"选项卡→"对齐方式"组→"中部两端对齐"按钮，将这个单元格中的文本对齐方式设置为中部两端对齐。倒数第二行和倒数第三行的单元格如图 4.64 所示，做同样的操作。

（10）保存文档：操作完成后，单击"文件"选项卡→"保存"命令，以"求职简历.docx"为文件名，保存在"我的电脑"D 盘的根目录下。

拓展训练——制作期末成绩表

利用 Word 2010 的表格排版功能，设计一个期末成绩表，计算出每个学生的总成绩，并且按总成绩进行排序。然后再利用邮件合并功能，制作出与学生家长联系的信封。

一、设计期末成绩表

打开素材文件夹中的"期末成绩表.docx"文档，给文档中的表格进行排版，排版效果如图 4.107 所示。

期末成绩表

学号	姓名	语文	数学	外语	总成绩
4	许新新	25	48	70	143
5	陈小平	59	60	60	179
1	李艳	65	60	62	187
2	张萌	68	65	60	193
3	宋远宏	80	60	63	203

图 4.107　期末成绩表效果图

1．表格的基本操作

将表格中的第 1 行（空行）拆分为 1 行 5 列，并依次输入相应的内容；根据窗口自动调整表格后平均分布各列，将第 1 行的行高设置为 1.5 厘米；将学号为"3"的一行，移至"4"一行的上方。

2．表格的格式设置

将表格自动套用"中等深浅底纹 1—强调文字颜色 1"的表格格式。第 1 行的文字设置为华文新魏，字号为三号，文字对齐方式为"水平居中"；其他各行单元格对齐方式为"靠下居中对齐"。

3．计算总成绩

在"外语"的右边插入新的一列，输入"总成绩"三个字，并利用函数或公式计算出每个人的总成绩。

4．表格排序

设置"总成绩"为主要关键字，对表格中的数据进行升序排列。

5．保存文档

操作完成后，将文件以"期末成绩表.docx"为文件名保存在"我的电脑"D 盘的根目录下。

二、制作信封

利用邮件合并功能制作信封，效果如图 4.108 所示。

图 4.108   邮件合并效果图

（1）主文档：素材文件夹中的"信封模板.docx"文档。

（2）数据源：素材文件夹中的"联系方式.xlsx"文档。

（3）邮件合并时选择"信函"文件类型。

（4）邮件合并的结果以"所有信封.docx"为文件名，保存在"我的电脑"D 盘的根目录下。

项目考核

打开文档 Word1.docx，按照要求完成下列操作并进行保存。

1．将标题段文字（"多媒体系统的特征"）设置为艺术字，居中显示。艺术字式样为第 2 行第 2 列，字体为宋体，字号为 40 号字，形状为右牛角形，文字环绕方式为上下型环绕；文本填充效果为渐变，预设红日西斜；阴影为外部类里面的右下斜偏移。

2．将文中所有"电脑"替换为"计算机"，并将正文第二段文字（"交互性是……进行控制。"）移至第三段文字（"集成性是……协调一致。"）之后（但不与第三段合并）。

3. 将正文各段文字（"多媒体计算机……模拟信号方式。"）设置为小四号宋体，1.5 倍行距；各段落左右各缩进 1 个字符、段前间距 0.5 行。

4. 正文第一段（"多媒体计算机……和数字化特征。"）首字下沉两行，距正文 0.2 厘米；分两栏，宽度均为 21 个字符，添加分隔线。

5. 正文后三段添加项目符号"●"。

6. 在文本末插入一个 3 行 4 列的表格，表格居中显示，表格列宽 3 厘米、行高 0.8 厘米；在第 1 行第 1 列单元格中添加一个左上右下的对角线，将第 2、3 行的第 4 列单元格均匀拆分为两列，将第 3 行的第 2、3 列单元格合并。

7. 设置表格外框线为 1.5 磅红色双实线、内框线（包括绘制的对角线）为 0.5 磅红色单实线；表格第 1 行添加黄色底纹。

数据统计与分析 Excel 2010

项目介绍

Excel 2010 是 Microsoft 公司开发的 Office 2010 办公组件之一,Excel 2010 旨在为您提供最方便快捷的数据处理工具,利用它可以制作相关的数据表,并能对数据进行计算、管理和分析。

任务安排

任务 1　制作学生信息表
任务 2　制作学生成绩表
任务 3　管理学生成绩表
任务 4　学生成绩分析

学习目标

◇ 会输入与编辑数据
◇ 会对工作表进行格式化
◇ 会对工作表进行打印输出
◇ 会利用公式和函数对工作表数据进行计算
◇ 会对工作表数据进行排序、筛选、分类汇总、合并计算等管理
◇ 会利用图表和数据透视表对工作表数据进行分析

任务 1　制作学生信息表

制作职工信息表

任务描述

本任务介绍在 Excel 2010 中如何进行工作簿的创建及工作表的创建与编辑，掌握工作表中数据的输入及工作表格式的设置。通过本任务的学习，要求能完成工作表的制作，并完成相应的排版输出。学生信息表效果图如图 5.1 所示。

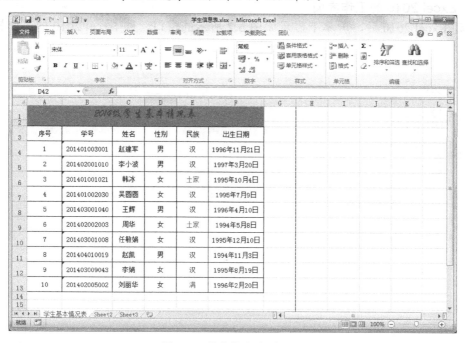

图 5.1　学生信息表效果图

任务分析

学生信息表的制作主要包括 Excel 中工作簿及工作表的创建与管理、数据的输入与编辑、格式化工作表及工作表的打印输出等操作。

知识准备

5.1.1　Excel 2010 简介

Excel 2010 是 Microsoft Office 2010 的主要组件之一，是 Windows 环境下的电子表格软件，具有很强的图形、图表处理功能，它可用于财务数据处理、科学分析计算，并能用图表显示数据之间的关系和对数据进行组织。

1. Excel 2010 的功能

（1）快速制作表格。

（2）强大的计算功能。

（3）丰富的图表。

（4）数据库管理。

（5）数据共享与 Internet。

2．Excel 2010 的启动

启动 Excel 2010 一般有以下几种方法。

（1）执行"开始"→"程序"→"Microsoft Office"→"Microsoft Excel 2010"命令。

（2）在"资源管理器"或"我的电脑"窗口中，双击扩展名为.xls 或.xlsx 的文件图标，将启动 Excel 2010，并将该文件打开。

3．Excel 2010 的工作界面

启动 Excel 2010 后，屏幕上显示如图 5.2 所示的窗口，即 Excel 2010 的工作界面。

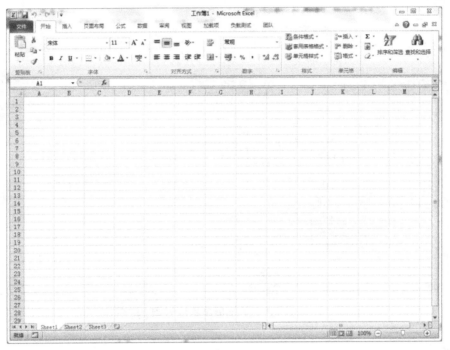

图 5.2　Excel 2010 的工作界面

4．Excel 2010 的基本概念

（1）工作簿。工作簿是指在 Excel 2010 中用来存储并处理数据的文件，一个工作簿就是一个 Excel 文件，默认的文件扩展名为.xlsx。

（2）工作表。一个工作簿可以包含若干工作表，默认为 3 个工作表，分别以 Sheet1、Sheet2、Sheet3 命名。用户可以根据需要对工作表进行增加和删除，但一个工作簿中至少应包含一个工作表。

（3）单元格。单元格是工作表中行与列的交叉部分，它是组成工作表的最小单位，可拆分或合并，单个数据的输入和修改都是在单元格中进行的。当前被选中的单元格称为活动单元格，每个单元格都有自己的名称，其名称是由单元格所在的列标和行号组成的，列标在前，行号在后。例如，A3 单元格代表第 A 列、第 3 行所在的单元格。

在 Excel 2010 中，列标用字母表示，从左到右依次编号为 A，B，C，……，Z，AA，

AB，……，AZ，BA，BB，……，XFD，共 16 384 列。行号从上到下用数字 1，2，3，……，1 084 576 表示，共 1 084 576 行。

（4）填充柄。当鼠标放在活动单元格的右下角时，会有一个黑色的小方块，通常称为填充柄，其主要用于复制工作表中的数据或公式，完成数据有规律的填充。

5．Excel 2010 的退出

当完成工作簿的操作以后，可采用如下方法退出 Excel 2010。

（1）执行"文件"→"退出"命令。

（2）单击标题栏中的"关闭"按钮。

（3）直接按快捷键"Alt+F4"。

如果用户没有对工作簿进行保存，则会出现如图 5.3 所示的对话框，用户根据提示进行相应的保存操作后，Excel 2010 窗口将会关闭。

图 5.3　提示保存对话框

5.1.2　Excel 2010 的基本操作

1．工作簿的操作

工作簿的基本操作主要包括创建工作簿、保存工作簿、打开工作簿、关闭工作簿、隐藏工作簿及保护工作簿等。

（1）创建工作簿。启动 Excel 2010 后，会自动建立一个名为"工作簿 1"的工作簿，同时用户可以采用以下方法创建新的工作簿。

方法一：单击"快速访问工具栏"中的"新建"工具。

方法二：执行"文件"→"新建"命令，在如图 5.4 所示的窗口右侧选择"空白工作簿"后单击界面右下角的"创建"图标就可以新建一个空白的工作簿。

图 5.4　新建工作簿

方法三：直接按"Ctrl+N"快捷键。

方法四：执行"文件"→"新建"命令，在如图 5.5 所示的窗口右侧选择可用模板中的相应模板，然后单击界面右下角的"创建"图标就可以根据你所需要的模板创建新的空白工作簿；或者单击如图 5.6 所示"Office.com 模板"中的某个模板进行下载，自动

根据所选择的模板创建新的空白工作簿，效果如图 5.7 所示。

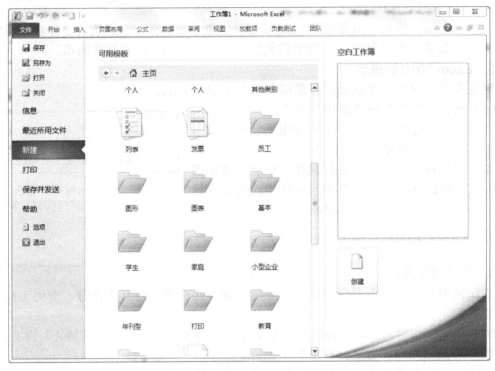

图 5.5　"模板"窗口

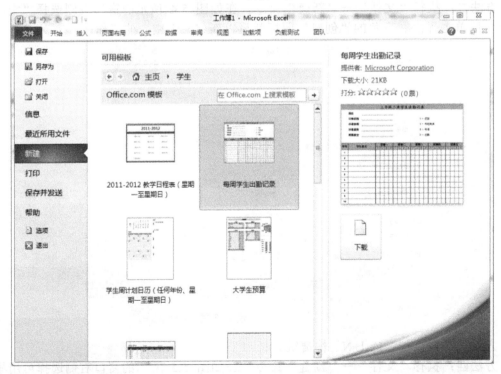

图 5.6　下载 Office.com 模板

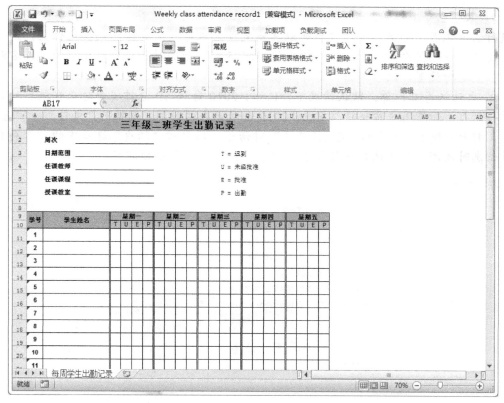

图 5.7　根据下载的 Office.com 模板创建的"每周学生出勤记录表"

（2）保存工作簿。保存工作簿的方法有以下 3 种。

方法一：单击标题栏左侧的"保存"按钮。

方法二：执行"文件"→"保存"或"文件"→"另存为"命令。

方法三：直接按快捷键"Ctrl+S"。

注意：

① 保存新文件。当需要保存的工作簿是第一次保存时，使用上述 3 种方法中的任一方法保存文件时，会弹出如图 5.8 所示的"另存为"对话框，用户在对话框中对文件保存的位置、文件保存的类型及文件名进行设置，然后单击"保存"按钮即可。

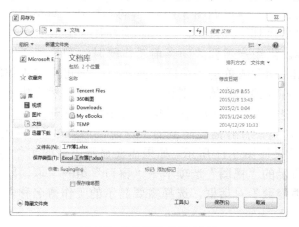

图 5.8　"另存为"对话框

② 保存已有工作簿。如果是对已经存在的工作簿进行保存，则可使用方法一和方法三进行快速保存，如果需要对工作簿以其他文件名保存或需要保存到其他位置，则可执行"文件"→"另存为"命令，在弹出的如图 5.8 所示的对话框中对相应的文件名和保存的位置进行设置，然后单击"保存"按钮即可。

③ 自动保存工作簿。默认情况下，Excel 2010 每隔 10 分钟将会对正在编辑的工作簿进行保存，如果用户希望修改 Excel 2010 自动保存的时间，则执行"文件"→"选项"命令，打开如图 5.9 所示的"Excel 选项"对话框，用户对"保存"选项中的"保存自动恢复信息时间间隔"复选框进行设置，然后单击"确定"按钮即可。

图 5.9 "Excel 选项"对话框

（3）打开工作簿。选择"文件"选项卡下的"打开"菜单项或直接单击快速访问工具栏中的"打开"按钮，弹出如图 5.10 所示的"打开"对话框，在相应位置选择要打开的工作簿，然后单击"打开"按钮，即可一次打开一个或多个工作簿。

（4）关闭工作簿。当用户需要关闭当前工作簿时，则执行"文件"→"关闭"命令或直接按快捷键"Alt+F4"或单击"关闭"按钮，即可完成工作簿的关闭。如果用户希望一次性关闭所有打开的工作簿，则按住"Shift"键，然后执行"文件"→"全部关闭"命令，或者直接退出 Excel 2010 软件即可关闭所有打开的工作簿。

（5）隐藏工作簿。用户打开需要隐藏的工作簿，然后单击"视图"选项卡→"窗口"组→"隐藏"按钮，效果如图 5.11 所示。如果需要显示隐藏的工作簿，则启动 Excel 2010 后，单击如图 5.11 所示的"视图"选项卡→"窗口"组→"取消隐藏"按钮，则打开如图 5.12 所示的"取消隐藏"对话框，选择需要显示的工作簿名称，然后单击"确定"按钮即可。

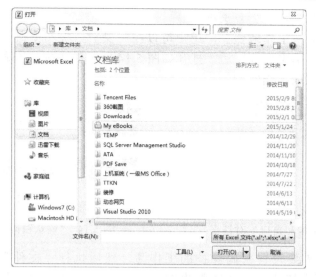

图 5.10 "打开"对话框

图 5.11 选择"隐藏"命令

（6）保护工作簿。

方法一：打开需要保护的工作簿，然后执行"审阅"→"保护工作簿"命令，打开如图 5.13 所示的"保护结构和窗口"对话框，用户对需要保护的内容进行设置。如果要保护工作簿的结构，则选择"结构"复选框，这样用户不能对工作簿中的工作表进行移动、删除、隐藏、取消隐藏或重命名操作，而且也不能插入新的工作表。如果需要对工作簿打开时的位置和大

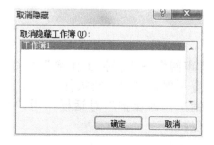

图 5.12 "取消隐藏"对话框

小进行保护，则选择"窗口"复选框。

为了防止他人取消工作簿保护，用户可以在"保护结构和窗口"对话框中设置相应的保护密码，单击"确定"按钮后，打开如图5.14所示的"确认密码"对话框，用户输入相同的密码即可完成工作簿的保护。

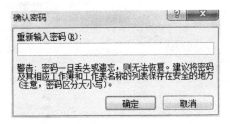

图 5.13 "保护结构和窗口"对话框　　　　图 5.14 "确认密码"对话框

方法二：打开需要设置密码保护的工作簿，然后执行"文件"→"信息"命令，单击"保护工作簿"按钮，然后在弹出的下拉菜单中选择"用密码进行加密"命令，如图5.15所示，然后在弹出的如图5.16所示的"加密文档"对话框中设置相应的密码。

图 5.15 选择"用密码进行加密"命令

如果用户要取消对工作簿的保护，则先打开需要取消保护的工作簿，然后再次执行"审阅"→"保护工作簿"命令，则可取消对工作簿的保护。如果用户对保护工作簿设置了保护密码，则执行"审阅"→"保护工作簿"命令后，将打开如图5.17所示的"撤销工作簿保护"对话框，用户输入相应的密码即可取消对原设置保护密码的工作簿的保护。

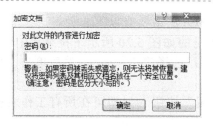

图 5.16　"加密文档"对话框　　　　　图 5.17　"撤销工作簿保护"对话框

当然用户可以设置打开权限密码和修改权限密码从而进一步保护工作簿，避免他人打开或修改工作簿。用户可以打开需要设置权限密码的工作簿，执行"文件"→"另存为"命令，在打开的"另存为"对话框中单击"工具"按钮，然后在弹出的下拉菜单中选择"常规选项"命令，如图 5.18 所示，在打开的如图 5.19 所示的"常规选项"对话框中设置相应的"打开权限密码"和"修改权限密码"。如果选中"建议只读"复选框，则打开该工作簿时，系统建议以只读方式打开。

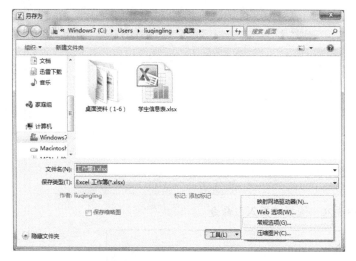

图 5.18　"另存为"对话框　　　　　图 5.19　"常规选项"对话框

2．工作表的管理

在 Excel 2010 中，一个工作簿可以包含多个工作表，对工作表的管理主要是指对工作表进行复制、移动、插入、重命名、删除、保护等操作。

（1）选择工作表。在 Excel 2010 中，在对工作表中的数据进行编辑之前，需要先选择相应的工作表。

① 选择单个工作表。单击需要编辑的工作表标签，则可选择单个工作表，如果看不到工作表标签，可以通过 ◄ ◄ ► ►◄ 按钮显示工作表标签，然后单击进行选择。当前被选择的工作表通常称为活动工作表。

② 选择多个工作表。如果要选择多个连续的工作表，则先单击第一个工作表标签，然后按住"Shift"键，再单击最后一个工作表标签即可；如果需要选择多个不连续的工作表，则先单击第一个工作表标签，然后按住"Ctrl"键，再依次单击需要选择的工作表标签；如果需要编辑当前工作簿中所有工作表标签，则在任意工作表标签上单击鼠标右键，然后在弹出的下拉菜单中选择"选定全部工作表"命令即可。

（2）插入工作表。在 Excel 2010 中，一个新的工作簿默认情况下包含 3 个工作表，用户可以根据需要插入新的工作表，插入工作表的方法主要有以下 3 种。

方法一：在工作表标签上单击右键，然后在弹出的如图 5.20 所示下拉菜单中选择"插入"命令，打开如图 5.21 所示的"插入"对话框，选择"工作表"，然后单击"确定"按钮即可插入一张新的工作表。

方法二：单击工作表标签右侧的"插入工作表"按钮，即可在所有工作表标签的右侧，插入一张新的工作表。

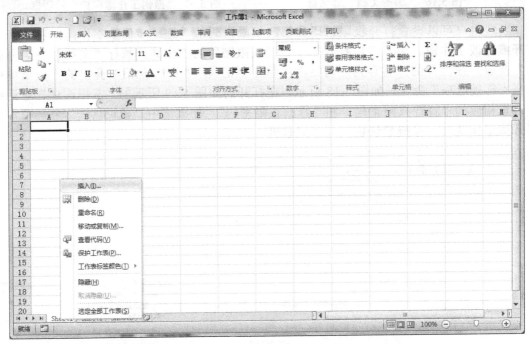

图 5.20　选择"插入"命令

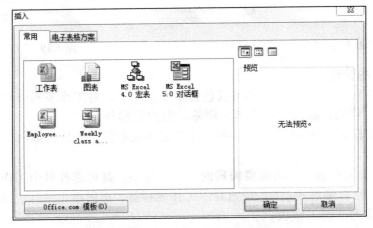

图 5.21　"插入"对话框

方法三：在"开始"选项卡中，单击"单元格"选项组中"插入"按钮右侧的下拉菜单按钮，在弹出的下拉菜单中选择"插入工作表"命令，如图 5.22 所示，即可在当前工作表左侧插入一个新的空白工作表。

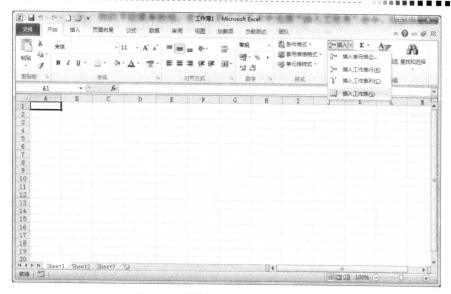

图 5.22 选择"插入工作表"命令

（3）删除工作表。当用户不需要某个工作表时可以删除该工作表，删除工作表的方法主要有以下两种。

方法一：在需要删除的工作表标签上单击鼠标右键，然后在弹出的下拉菜单中选择"删除"命令，如图 5.23 所示。

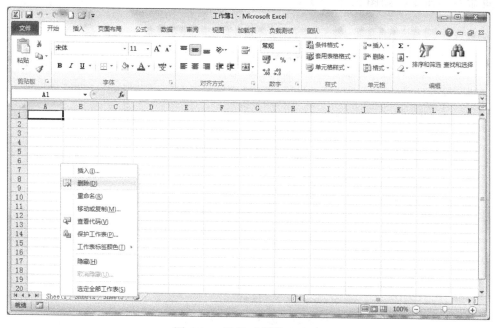

图 5.23 选择"删除"命令

方法二：在"开始"选项卡中，单击"单元格"选项组中"删除"按钮右侧的下拉菜单按钮，在弹出的下拉菜单中选择"删除工作表"命令，如图 5.24 所示，即可删除当前工作表。

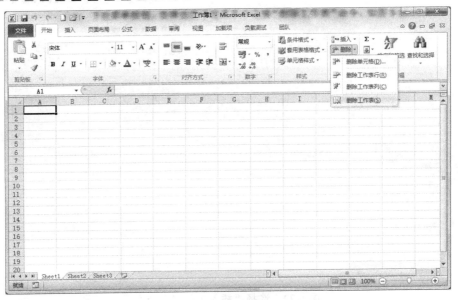

图 5.24　选择"删除工作表"命令

（4）重命名工作表。在 Excel 2010 中，工作簿中的工作表默认名称为 Sheet1、Sheet2、Sheet3 等，用户可以对工作表的名称重新设置。对工作表重命名的方法主要有以下两种。

方法一：在需要重命名的工作表标签上单击鼠标右键，然后在弹出的下拉菜单中选择"重命名"命令，如图 5.25 所示。

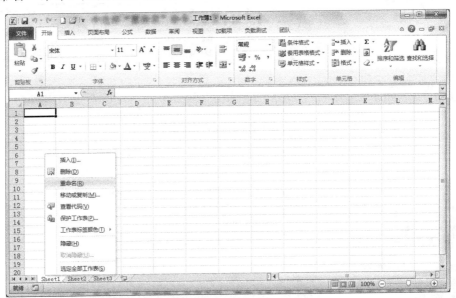

图 5.25　选择"重命名"命令

方法二：单击"开始"选项卡→"单元格"组→"格式"按钮右侧的下拉菜单按钮，在弹出的下拉菜单中选择"重命名工作表"命令，如图 5.26 所示，即可对当前工作表进行重命名。

图 5.26　选择"重命名工作表"命令

方法三：在需要重命名的工作表标签上双击鼠标左键，工作表标签即出现黑色底纹，如图 5.27 所示，用户直接输入新的工作表名称即可完成对工作表的重命名。

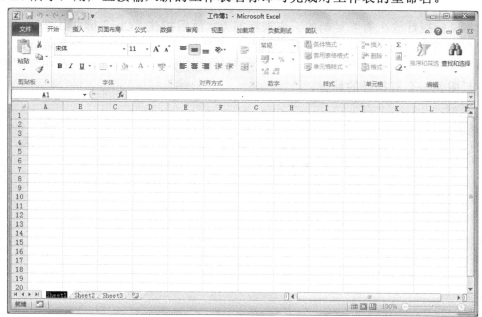

图 5.27　双击鼠标左键重命名工作表

（5）移动或复制工作表。在 Excel 2010 中，利用移动和复制工作表的功能，可以实现在同一个工作簿之间或不同工作簿之间移动和复制工作表。

① 在同一个工作簿之间移动和复制工作表。

将鼠标指针放在需要移动的工作表标签上，然后按住鼠标左键向左或向右进行拖动，如图 5.28 所示，当插入三角指示符号位于目标工作表上方时，松开鼠标即可完成工作表的移动，如图 5.29 所示。

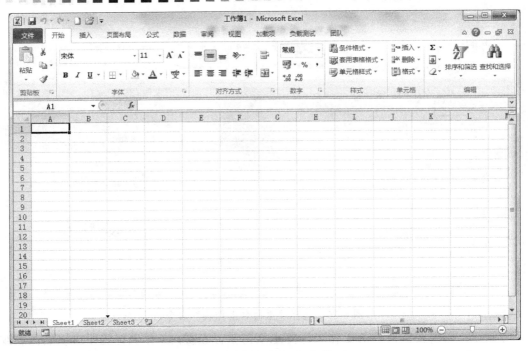

图 5.28　拖动 Sheet1 标签

当将鼠标指针放在需要复制的工作表标签上，然后按住"Ctrl"键并且拖动鼠标左键向左或向右进行拖动，当插入三角指示符号位于目标工作表上方时，松开鼠标即可完成工作表的复制，如图 5.30 所示，复制的工作表与原工作表完全相同，只是在复制的工作表名称后附带一个有括号的标记。

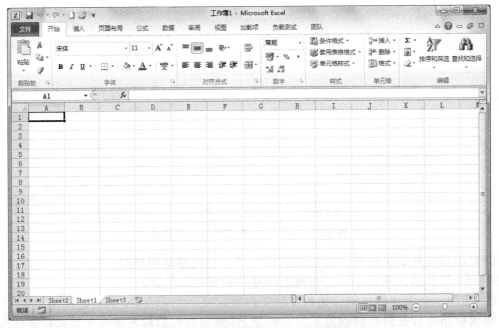

图 5.29　Sheet1 移到 Sheet2 之后

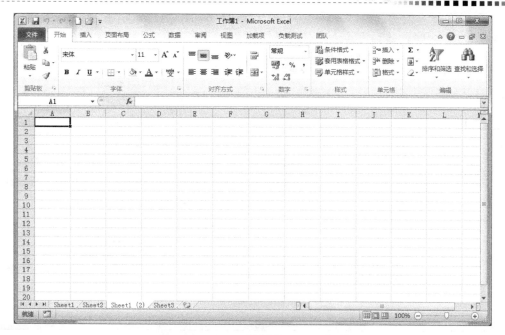

图 5.30　Sheet1 复制到 Sheet2 之后

② 在不同工作簿之间移动和复制工作表。

当用户需要在不同的工作簿之间移动或复制工作表时，其操作步骤如下。

步骤一：打开目标工作簿，选择需要移动或复制工作表的源工作簿。

步骤二：在需要移动或复制的工作表标签上单击鼠标右键，然后在弹出的下拉菜单中选择"移动或复制"命令，如图 5.31 所示；或者单击"开始"选项卡→"单元格"组→"格式"按钮右侧的下拉菜单按钮，在弹出的下拉菜单中选择"移动或复制工作表"命令，如图 5.32 所示。

图 5.31　选择"移动或复制"命令

图 5.32　选择"移动或复制工作表"命令

步骤三：在弹出的如图 5.33 所示的"移动或复制工作表"对话框中，对移动或复制的工作表进行设置，如图 5.34 所示。如果要复制工作表，则选中"移动或复制工作表"对话框中的"建立副本"复选框，否则只是完成工作表的移动，然后单击"确定"按钮即可完成工作表的移动或复制。

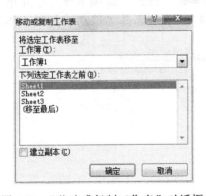

图 5.33　"移动或复制工作表"对话框

图 5.34　对移动或复制的工作表进行设置

（6）隐藏工作表。用户可以隐藏不想显示出来的工作表，但是一个工作簿中至少有一个工作表没有被隐藏。隐藏工作表主要有以下两种方法。

方法一：用户在需要隐藏的工作表的标签上单击鼠标右键，然后在弹出的下拉菜单中选择"隐藏"命令，如图 5.35 所示，即可完成对当前工作表的隐藏。

方法二：用户选择需要隐藏的工作表，然后单击"开始"选项卡→"单元格"组→"格式"按钮右侧的下拉菜单按钮，在弹出的下拉菜单中选择"隐藏和取消隐藏"命令，在其二级菜单中选择"隐藏工作表"命令，如图 5.36 所示，即可完成当前工作表的隐藏。

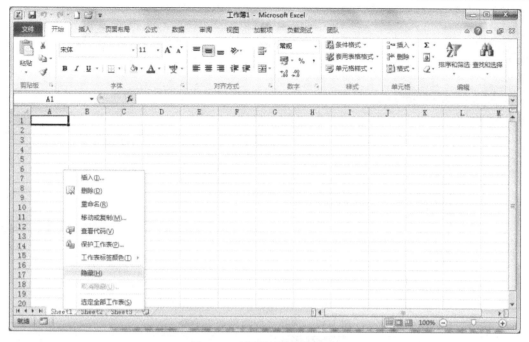

图 5.35　选择"隐藏"命令

图 5.36　选择"隐藏工作表"命令

　　如果需要显示工作簿中隐藏的工作表，则启动 Excel 2010 后，在该工作簿任意工作表标签上单击鼠标右键，然后在弹出的下拉菜单中选择"取消隐藏"命令，如图 5.37 所示；或者单击"开始"选项卡→"单元格"组→"格式"按钮右侧的下拉菜单按钮，在弹出的下拉菜单中选择"隐藏和取消隐藏"命令，在其二级菜单中选择"取消隐藏工作表"命令，如图 5.38 所示，打开如图 5.39 所示的"取消隐藏"对话框，选择需要显示的工作表名称，然后单击"确定"按钮即可显示当前取消隐藏的工作表。

图 5.37 选择"取消隐藏"命令

图 5.38 选择"取消隐藏工作表"命令

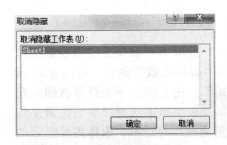

图 5.39 "取消隐藏"对话框

（7）保护工作表。用户可以对工作表进行保护，其操作方法主要有以下两种。

方法一：打开需要保护的工作表，执行"文件"→"信息"命令，单击"保护工作簿"按钮，然后在弹出的下拉菜单中选择"保护当前工作表"命令，如图 5.40 所示。

方法二：打开需要保护的工作表，然后单击"审阅"选项卡→"更改"组→"保护工作表"按钮。

图 5.40 选择"保护当前工作表"命令

使用以上任意方法都能打开如图 5.41 所示的"保护工作表"对话框，用户可以对需要保护的内容进行设置。为了防止他人取消工作表保护，用户可以在如图 5.41 所示的"保护工作表"对话框中设置相应的保护密码，单击"确定"按钮即可完成对工作表的保护。

如果用户要取消对工作表的保护，则先打开需要取消保护的工作簿，然后再次单击"审阅"选项卡→"更改"组→"撤销工作表保护"按钮则可取消对工作表的保护。如果用户对保护工作表设置了保护密码，则执行"撤销工作表保护"命令时，将打开如图 5.42 所示的"撤销工作表保护"对话框，用户输入相应的密码即可取消对原设置保护密码的工作表的保护。

图 5.41 "保护工作表"对话框

图 5.42 "撤销工作表保护"对话框

5.1.3 输入与编辑数据

1. 数据的输入

要在 Excel 2010 工作簿中处理数据，首先必须在工作簿的单元格中输入数据。Excel 2010 主要提供了两种形式的数据输入：常量和公式。常量指的是不以等号开头的数据，主要包括数字、文本及日期和时间等。公式是以等号开头的，中间包含了常量、函数、单元格名称、运算符等。如果改变了公式中涉及的单元格中的值，则公式的计算结果也将发生相应的改变。

数据的输入主要有两种方式，一种是直接在单元格中输入数据，另一种是在编辑栏中输入数据。通常情况下，常量形式的数据是直接在单元格中输入的，而公式则在编辑栏中输入。无论采取哪种方式输入数据都有插入和替换两种状态。当活动单元格以实线框表示，并且光标在单元格内一闪一闪，则处于插入状态，此时输入的数据将插入到当前光标的后面。如果活动单元格以黑粗线框表示，则处于替换状态，此时输入的数据将代替单元格中原有的内容。

数据包括很多类型，如文本、数字、日期、时间、特殊字符等内容，下面主要介绍以上几种类型数据的输入。

（1）文本。文本是指不包含数字的文字内容，可以在单元格中直接输入，也可以在编辑栏中输入文本，输入完成后直接按"Enter"键或按编辑栏前面的"√"按钮确认用户输入的数据，按"Esc"键或按编辑栏前面的"×"按钮取消刚才输入的数据。

（2）数字。数字根据格式的不同，输入的方法也不同，如分数、小数、电话号码等类型的数字，它们的输入方法都是不同的。

① 普通数字。普通数字只要直接在单元格中输入即可。例如，输入 10，1.5，则分别在单元格中输入数字 10 和数字 1.5 即可。

② 分数。在单元格中直接输入 1/2，系统会自动变为 2 月 1 日，要输入分数，则先在单元格中输入"0"，然后再输入相应的分数。例如，在单元格中需要输出分数 $\frac{1}{2}$，则需要在单元格中输入"0 1/2"。

③ 特殊数字。如果要输入的是以 0 开头或长度大于 11 位的数字，则在输入数字前必须先将单元格的数据类型设置为"文本"类型，或者在输入数字前输入"'"符号，否则数据无法正确显示。例如，在单元格中要输出电话号码 073184396110，则需要在单元格中输入"'073184396110"，否则将显示"73184396110"。又如，在单元格中要输出超过 11 位的数字，如身份证号码 430128199010011123，则必须在单元格中输入"'430128199010011123"，否则将以科学计数法的形式显示为"4.30128E+17"。

（3）日期和时间。输入日期时，通常使用"/"或"-"来分隔日期的年、月、日。通常用两位数表示年份，如果输入时省略年份，则自动以当前系统的年份作为默认值。输入时间时，通常使用":"来分隔时、分、秒。例如，在单元格中输入日期 2015 年 2 月 1 日，则直接在单元格中输入"2015/2/1"即可。

另外，直接按"Ctrl+;"组合键可以输入当前日期，直接按"Ctrl+Shift+;"组合键则输入当前时间。

2．数据的输入技巧

（1）在同一单元格中输入多行文本。如果单元格的内容一行无法显示，则需要换行。用户可以单击"开始"选项卡→"单元格"组→"格式"按钮，在弹出的下拉菜单中选择"设置单元格格式"命令，如图 5.43 所示；或者可以在单元格中单击鼠标右键，在弹出的下拉菜单中选择"设置单元格格式"命令，如图 5.44 所示，则在打开的如图 5.45 所示的"设置单元格格式"对话框中选择"自动换行"复选框。

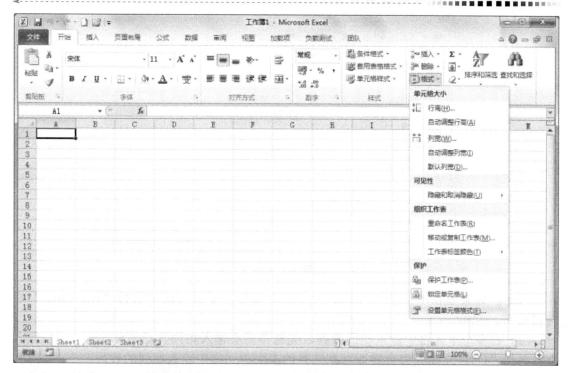

图 5.43　从选项组中选择"设置单元格格式"命令

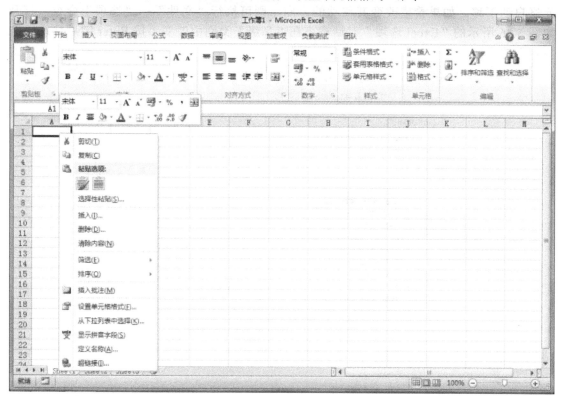

图 5.44　从快捷菜单中选择"设置单元格格式"命令

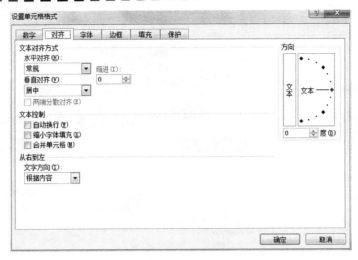

图 5.45 "设置单元格格式"对话框

当然，如果要在单元格中强制换行，则直接在需要换行的位置按"Alt+Enter"组合键即可。

（2）在多个单元格中输入相同数据。先选择需要输入相同数据的单元格，然后输入数据再按"Ctrl+Enter"组合键即可在选择的多个单元格中输入相同的数据。

（3）改变"Enter"键移动方向。在默认情况下，数据输入完按"Enter"键，活动单元格自动下移。如果希望改变其移动的方向，则可执行"文件"→"选项"命令，打开如图 5.46 所示的"Excel 选项"对话框，在"高级"类别中改变"按 Enter 键后移动所选内容"的方向。

图 5.46 "Excel 选项"对话框

（4）灵活运用记忆式键入功能。Excel 的记忆式键入功能可以在同一列中的多个单元格内输入相同的内容。运用记忆式键入功能，用户在单元格里输入文本开头的几个字母后，Excel 会基于此前在这一列里输入的内容来自动完成输入。除了减少打字量外，这个功能也保证了输入内容拼写的正确性和一致性。值得注意的是，记忆式键入功能只能在一列连续的单元格中生效。假如空了一行，那么它只能识别出空白行下面的单元格内容。

同时，直接在单元格中按"Alt+↓"组合键即可以下拉菜单的形式将本列中已输入的内容显示出来，用户直接进行选择即可完成单元格内容的输入。

（5）快速填充数据。

① 使用填充柄。Excel 2010 提供了基于相邻单元格的自动填充。双击填充柄则可以对一个单元格区域按其相邻数据的格式进行自动填充。例如，A1～A5 单元格的值分别为 1、2、3、4、5，在 B1 单元格中输入"星期一"，然后选择 B1 单元格并双击填充柄，则 B2～B5 单元格的内容自动填充为星期二、星期三、星期四、星期五。

② 使用自定义序列。在实际应用中，用户可以根据需要自定义序列，从而更加快捷地完成固定序列的填充。如用户希望将"第一、第二、第三、第四"设置为 Excel 2010 的填充序列，则可执行"文件"菜单下的"选项"命令，在打开的"Excel 选项"对话框中选择"高级"选项，如图 5.47 所示，单击"编辑自定义列表（O）…"按钮，打开如图 5.48 所示的"自定义序列"对话框，单击"添加"按钮，完成序列的添加。

图 5.47 "Excel 选项"对话框

图 5.48 "自定义序列"对话框

③ 使用序列生成器。在序列的起始单元格输入相应的数据，然后单击"开始"选项卡→"编辑"组→"填充"按钮，在弹出的下拉菜单中选择"序列"命令，如图 5.49 所示；或者可以选择序列起始单元格，并按住鼠标右键拖动填充柄至合适的单元格，如果在弹出的如图 5.50 所示的下拉菜单中选择"填充序列"命令，则直接以默认的序列进行填充，如果选择"序列"命令，则在打开的如图 5.51 所示的"序列"对话框中进行序列的设置。

④ 使用"示范"方式。在单元格中按规律输入多个数据，然后选择单元格并按住鼠标左键拖动填充柄，即可按照示范的方式自动输入相应的内容。例如，在工作表的 A1、A2 单元格中分别输入数字 1、2，然后选择 A1、A2 单元格，按住鼠标左键往下拖动填充柄至 A7 单元格，则在 A3、A4、A5、A6、A7 单元格中自动输入 3、4、5、6、7。

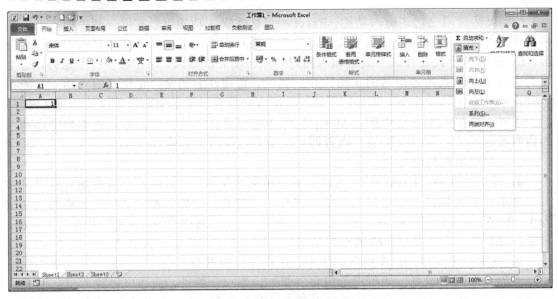

图 5.49　选择"序列"命令

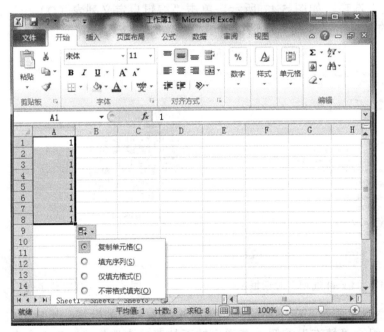

图 5.50　"序列"下拉菜单

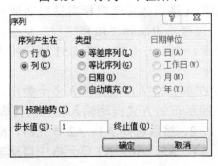

图 5.51　"序列"对话框

5.1.4 格式化工作表

在工作表中输入文本、数据、公式和函数后，为了让工作表更加美观，用户可以对工作表的格式进行相应设置。

工作表的格式化操作主要是通过如图5.52所示的"开始"选项卡或利用如图5.53所示的"设置单元格格式"对话框的方法来实现。

图 5.52 "开始"选项卡

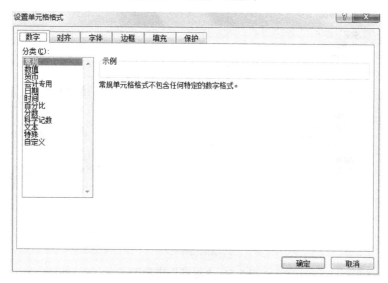

图 5.53 "设置单元格格式"对话框

1. 格式化数据

（1）设置文本格式。工作表中的文本格式主要包括字体、字号、字形、颜色、下画线及特殊效果的设置。用户可以在如图5.52所示的"开始"选项卡→"字体"组或在如图5.54所示的"设置单元格格式"对话框中的"字体"选项卡中进行文本格式的设置。

（2）设置数字格式。工作表中的数字格式主要用来改变数字的外观，完成数据类型及相关属性的设置。用户可以在如图5.52所示的"开始"选项卡→"数字"组或在如图5.55所示的"设置单元格格式"对话框中的"数字"选项卡中进行数字格式的设置。

2. 对齐方式

工作表中单元格数据的对齐方式主要包括水平对齐、垂直对齐和任意方向对齐3种。在默认情况下，文本是左对齐，数字、日期和时间是右对齐，逻辑型数据是居中对齐。要改变单元格内容的对齐方式，可以在如图5.52所示的"开始"选项卡→"对齐方式"组或在如图5.56所示的"设置单元格格式"对话框中的"对齐"选项卡中进行单元格数据对齐方式的设置。

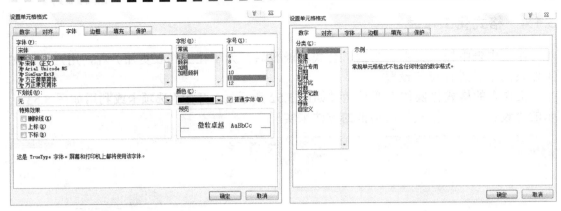

图 5.54　"字体"选项卡　　　　　　　　图 5.55　"数字"选项卡

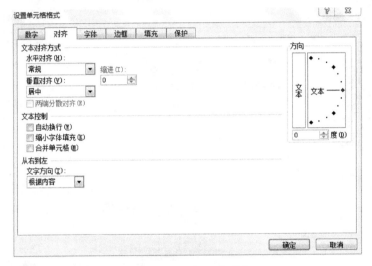

图 5.56　"对齐"选项卡

3．边框和底纹

用户可以对工作表中选定的单元格区域添加边框、背景颜色或图案，用来突出显示或区分单元格区域。

（1）边框。在默认情况下，单元格的边框都是虚框，打印输出时是不存在的。如果要添加相应的边框线，则可以单击"开始"选项卡→"字体"组→"▦ ▾"按钮，打开如图 5.57 所示的下拉菜单，选择需要的边框样式即可；或者在如图 5.58 所示的"设置单元格格式"对话框中的"边框"选项卡中进行单元格边框线型、颜色及边框样式的设置。

（2）填充。在默认情况下，单元格是没有填充颜色的。如果要添加相应的背景颜色，则可以单击"开始"选项卡→"字体"组→"🎨 ▾"按钮，打开如图 5.59 所示的下拉菜单，选择需要的背景颜色即可。如果需要设置更丰富的背景颜色或背景图案，则在如图 5.60 所示的"设置单元格格式"对话框中的"填充"选项卡中进行背景颜色、填充效果、图案样式、图案颜色等属性的设置。

图 5.57　"边框"下拉菜单

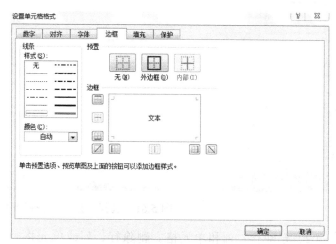

图 5.58　"边框"选项卡

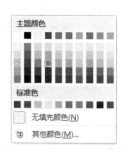

图 5.59　"填充"下拉菜单

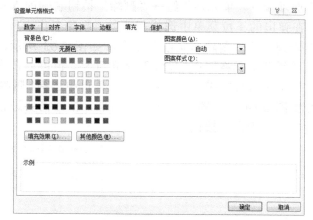

图 5.60　"填充"选项卡

4．插入或删除行、列和单元格

在工作表中输入数据后，可以根据需要插入或删除工作表的行、列或单元格。

（1）插入行、列和单元格。插入行、列或单元格时，工作表中已有的数据将会自动移动。用户选择需要插入的位置，然后单击"开始"选项卡→"单元格"组→"插入"按钮右侧的下拉菜单按钮，在弹出的下拉菜单中选择相应的"插入工作表行"、"插入工作表列"或"插入单元格"命令，如图 5.61 所示，即可在当前位置插入一个新的行、列或单元格。也可以在需要编辑的位置单击鼠标右键，在弹出的下拉菜单中选择"插入"命令，打开如图 5.62 所示的"插入"对话框，根据需要进行设置，然后单击"确定"按钮即可。

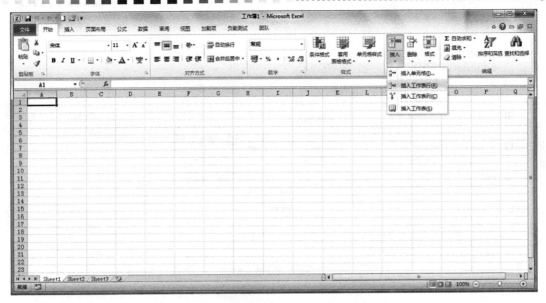

图 5.61　选择"插入"按钮下拉菜单

（2）删除行、列和单元格。删除行、列或单元格时，其中
的数据也会被删除。用户选择需要删除的位置，然后单击"开
始"选项卡→"单元格"组→"删除"按钮右侧的下拉菜单按
钮，在弹出的下拉菜单中选择相应的"删除工作表行"、"删除
工作表列"或"删除单元格"命令，如图 5.63 所示，即可删
除当前活动单元格所在的行、列或单元格。也可以在需要删除
的位置单击鼠标右键，在弹出的下拉菜单中选择"删除"命令，
打开如图 5.64 所示的"删除"对话框，根据需要进行设置，
然后单击"确定"按钮即可。

图 5.62　"插入"对话框

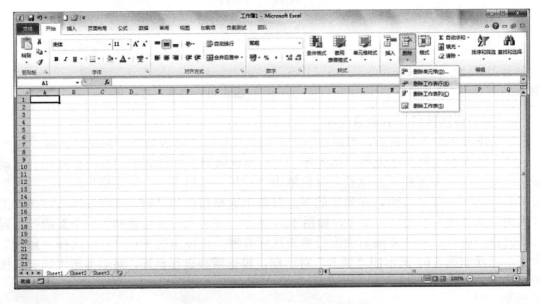

图 5.63　选择"删除工作表行"命令

5．调整行高、列宽

用户输入数据之前或之后可以对工作表中的行高或列宽进行修改。将鼠标指向要改变行高的行号的上边界或下边界，当鼠标变成竖直方向的双向箭头时，直接拖动鼠标至合适的高度后松开鼠标即可。如果需要指定固定数值的行高，则单击"开始"选项卡→"单元格"组→"格式"按钮右侧的下拉菜单按钮，在弹出的下拉菜单中选择相应的"行高"命令，如图 5.65 所示，打开如图 5.66 所示的"行高"对话框，输入相应的数值后单击"确定"按钮即可。

图 5.64　"删除"对话框

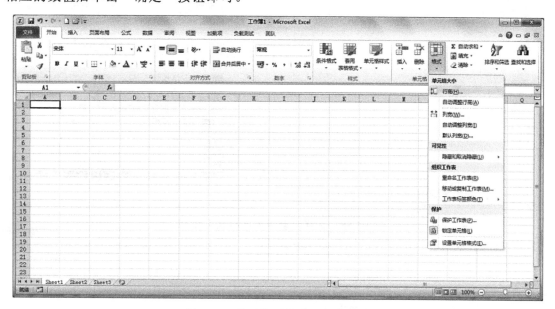

图 5.65　单元格"格式"下拉菜单

如果需要调整列宽，则可以将鼠标指向要改变列宽的列标的左边界或右边界，当鼠标变成水平方向的双向箭头时，直接拖动鼠标至合适的宽度后松开鼠标即可。如果需要指定固定数值的列宽，则单击"开始"选项卡→"单元格"组→"格式"按钮右侧的下拉菜单按钮，在弹出的如图 5.65 所示的下拉菜单中选择相应的"列宽"命令，打开如图 5.67 所示的"列宽"对话框，输入相应的数值后单击"确定"按钮即可。

图 5.66　"行高"对话框

图 5.67　"列宽"对话框

注意：当列宽不够时，单元格内容自动以"####"显示。

6．自动套用格式

为了更方便、快捷地实现工作表的格式设置，可以使用 Excel 2010 提供的自动套用格式。

如果要修改表格样式，则单击"开始"选项卡→"样式"组→"套用表格格式"按钮右侧的下拉菜单按钮，在弹出的如图5.68所示的下拉菜单中选择相应的表格样式即可。如果要修改单元格的样式，则单击"开始"选项卡→"样式"组→"单元格样式"按钮右侧的下拉菜单按钮，在弹出的如图5.69所示的下拉菜单中选择相应的单元格样式即可。如果用户对Excel 2010提供的样式不够满意，也可以自己创建新的表格样式和单元格样式。

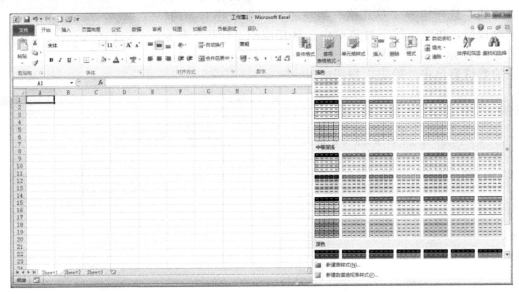

图5.68　选择"套用表格格式"命令

图5.69　选择"单元格样式"命令

7. 条件格式化

条件格式化是指规定单元格的数值达到设定的条件时的显示效果。通过条件格式化可以增强工作表数据的可读性。

用户先选择工作表中需要添加条件格式的单元格区域，然后单击"开始"选项卡→"样式"组→"条件格式"按钮右侧的下拉菜单按钮，弹出如图5.70所示的下拉菜单，用户根据需要选择相应的操作。

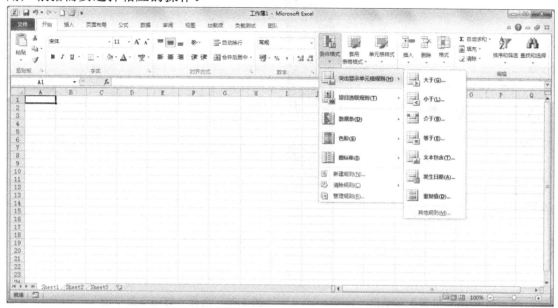

图 5.70　选择"条件格式"命令

5.1.5　打印输出工作表

为了使打印出来的工作表布局更加合理、美观，通常还需要对工作表设置打印区域、插入分页符、设置打印纸张大小、设置页边距及添加页眉/页脚等。

用户可以通过如图 5.71 所示的"页面布局"选项卡中的相应选项完成工作表的打印输出设置；也可以单击"页面布局"选项卡→"页面设置"组右下角的 按钮，在打开的如图 5.72 所示的"页面设置"对话框中完成页面的相关设置；或者执行"文件"→"打印"命令，在如图 5.73 所示的窗口中进行工作表打印输出的相关设置。

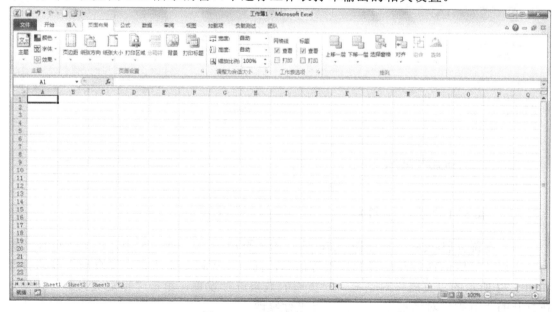

图 5.71　"页面布局"选项卡

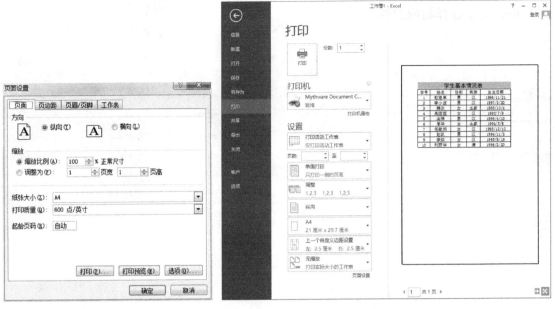

图 5.72 "页面设置"对话框 图 5.73 选择"打印"菜单项

1．页面设置

（1）设置页面。在如图 5.74 所示的"页面"选项卡中，主要完成纸张大小、打印方向及起始页码等属性的设置。

（2）设置页边距。在如图 5.75 所示的"页边距"选项卡中，主要完成上、下、左、右边距及页眉/页脚的距离和工作表数据在页面的居中方式的设置。

图 5.74 "页面"选项卡

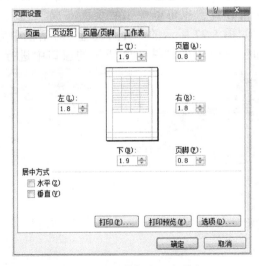

图 5.75 "页边距"选项卡

（3）设置页眉/页脚。在如图 5.76 所示的"页眉/页脚"选项卡中，用户可以设置页面的页眉和页脚的内容及放置的位置等信息，同时也可以单击"自定义页眉"按钮打开如图 5.77 所示的"页眉"对话框，对页眉的效果进行设置；单击"自定义页脚"按钮，在打开的"页脚"对话框中对页脚效果进行修改。

图 5.76　"页眉/页脚"选项卡

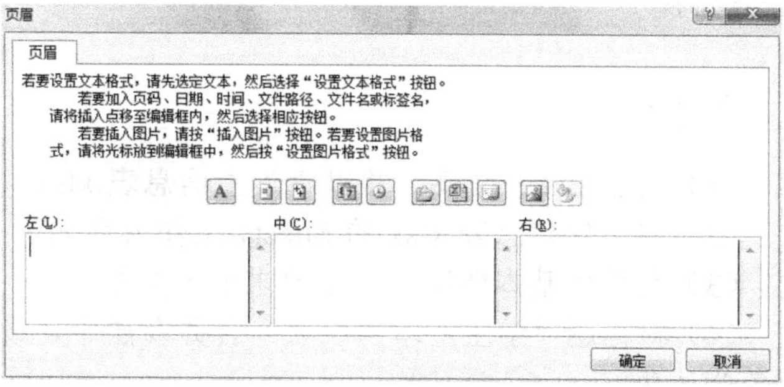

图 5.77　"页眉"对话框

2．打印区域设置

（1）设置打印区域。在如图 5.78 所示的"工作表"选项卡中，将光标定位在打印区域右边的文本框中，然后在工作表中选择需要打印的区域即可。

如果要设置打印标题，则将光标定位在相应的"打印标题行"或"打印标题列"右侧的文本框，然后在工作表中选择相应的标题行或标题列。

（2）删除打印区域。如果要删除打印区域，则只要在如图 5.78 所示的"工作表"选项卡中删除对应的单元格区域；或者单击"页面布局"选项卡→"页面设置"组→"打印区域"按钮，在弹出的下拉菜单中选择"删除打印区域"。

3．控制分页

如果要手动控制工作表内容的分页，则可以将光标定位在需要换页的位置，然后再单击如图 5.71 所示的"页面布局"选项卡→"页面设置"组→"分隔符"按钮，在弹出的下拉菜单中选择"插入分页符"命令即可。如果需要取消分页符，则在弹出的下拉菜单中选择"删除分页符"命令即可。

图 5.78　"工作表"选项卡

4．打印预览与打印

（1）打印预览。在打印之前用户可以通过"打印预览"命令在屏幕上查看文档的打印效果，然后根据需要选择继续修改或打印。

打印预览的方法主要有以下几种。

① 执行"文件"→"打印"命令，在窗口右边显示的便是打印预览的效果。

② 单击"页面设置"对话框中的"打印预览"按钮。

③ 执行"视图"选项卡→"工作簿"组→"页面布局"按钮。

④ 直接按快捷键"Ctrl+P"。

（2）打印。用户对打印预览效果满意之后，便可以打印文档。打印的方法主要有以下 3 种。

① 执行"文件"→"打印"命令。

② 单击"页面设置"对话框中的"打印"按钮。

③ 在"打印预览"窗口中单击"打印"按钮。

任务实施

任务要求

（1）新建 Excel 文件，并以"学生信息表.xlsx"为文件名保存在自己的文件夹下。

（2）将学生信息表.xlsx 的 Sheet1 工作表命名为"学生基本情况表"。

（3）在学生基本情况表中按要求输入数据。

（4）将标题"学生基本情况表"合并及居中，设置字体华文行楷，字号 18 磅，文字颜色为蓝色。

（5）在标题下方插入一行，并将行高设置为 10。

（6）将 A1∶F2 区域设置为淡蓝色底纹。

（7）将表格中的表头及所有数据居中对齐。

（8）将 A3∶F13 数据区域添加细实线边框。

（9）将出生日期格式设置为"xxxx 年 xx 月 xx 日"。

（10）将所有少数民族学生的性别用红色显示。

（11）设置上、下页边距为 2 厘米，左、右页边距为 2.5 厘米。

（12）将表头所在行设置为打印标题行。

（13）将页眉设置为"学生基本情况表"，将页脚设置为"第 n 页，共 m 页"的格式。

实施思路

1．Excel 2010 的基本操作

（1）启动 Excel 2010，单击"文件"→"保存"命令，在打开的如图 5.79 所示的对话框中选择自己的文件，并在文件名位置输入"学生信息表.xlsx"，然后单击"保存"按钮即可。

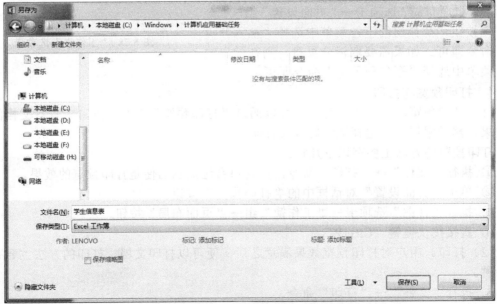

图 5.79 "另存为"对话框

（2）在 Sheet1 工作表标签上单击鼠标右键，在弹出的下拉菜单中选择"重命名"命令，然后在工作表标签位置输入"学生基本情况表"。

2. 数据录入

在学生基本情况表相应的单元格区域输入数据，如图 5.80 所示。

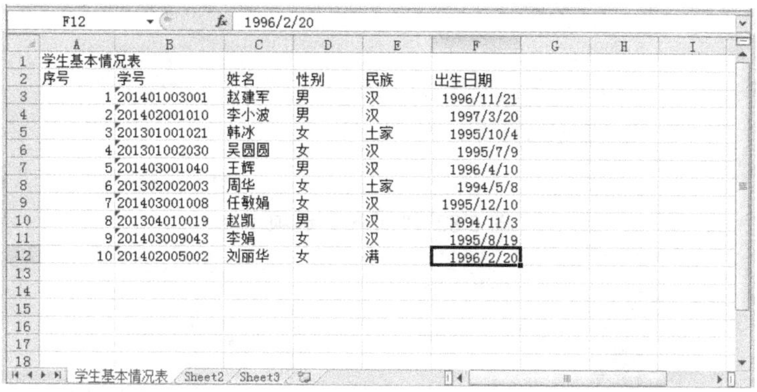

图 5.80　输入数据效果图

3. 格式化工作表

（1）选择 A1：F1 单元格，单击"开始"选项卡→"单元格"组→"格式"按钮右侧的下拉菜单按钮，在弹出的如图 5.81 所示的下拉菜单中选择"设置单元格格式"命令，在打开的"设置单元格格式"对话框中选择"对齐"选项卡，将水平对齐方式设置为"居中"，并选择"文本控制"下的"合并单元格"复选框，如图 5.82 所示。选择"字体"选项卡，将字体设置为"华文行楷"，字号设置为 18，字体颜色设置为蓝色，如图 5.83 所示，单击"确定"按钮。

图 5.81　选择"格式"命令

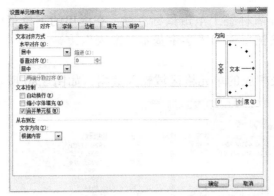

图 5.82 "对齐"选项卡

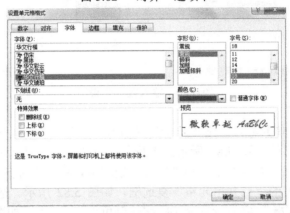

图 5.83 "字体"选项卡

（2）将鼠标定位在 A2 单元格，单击"开始"选项卡→"单元格"组→"插入"按钮右侧的下拉菜单按钮，在弹出的如图 5.84 所示的下拉菜单中选择"插入工作表行"命令，即可在第 2 行前插入新的行。

图 5.84 选择"插入"命令

（3）将鼠标定位在 A2 单元格，单击"开始"选项卡→"单元格"组→"格式"按钮右侧的下拉菜单按钮，在弹出的如图 5.85 所示的下拉菜单中选择"行高"命令，在打开的"行高"对话框中输入行高值"10"，如图 5.86 所示，单击"确定"按钮。选择 A3：F13 区域，利用同样的方法，将行高设置为"25"。

图 5.85　选择"格式"命令

（4）选择 A1：F2 区域，单击"开始"选项卡→"单元格"组→"格式"按钮右侧的下拉菜单按钮，在弹出的如图 5.87 所示的下拉菜单中选择"设置单元格格式"命令，在打开的对话框中选择"填充"选项卡，将"背景色"设置为"淡蓝色"，如图 5.88 所示，单击"确定"按钮。

图 5.86　"行高"对话框

图 5.87　选择"设置单元格格式"命令

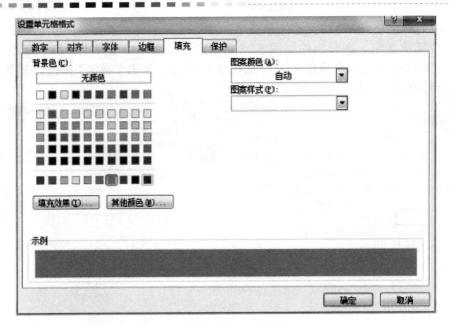

图 5.88 "填充"选项卡

（5）选择 A3∶F13 区域，单击"开始"选项卡→"单元格"组→"格式"按钮右侧的下拉菜单按钮，在弹出的如图 5.89 所示的下拉菜单中选择"设置单元格格式"命令，在打开的对话框中选择"对齐"选项卡，将"水平对齐方式"设置为"居中"，如图 5.90 所示，单击"确定"按钮。

图 5.89 选择"设置单元格格式"命令

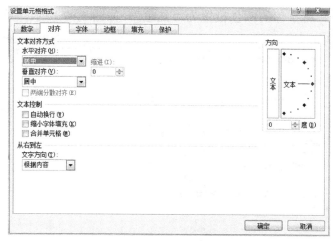

图 5.90　"对齐"选项卡

（6）选择 A3：F13 区域，单击"开始"选项卡→"单元格"组→"格式"按钮右侧的下拉菜单按钮，在弹出的如图 5.91 所示的下拉菜单中选择"设置单元格格式"命令，在打开的对话框中选择"边框"选项卡，将"外边框"和"内部"设置为"细实线"，如图 5.92 所示，单击"确定"按钮。

图 5.91　选择"设置单元格格式"命令

（7）选择 F4：F13 区域，单击"开始"选项卡→"单元格"组→"格式"按钮右侧的下拉菜单按钮，在弹出的如图 5.93 所示的下拉菜单中选择"设置单元格格式"命令，在打开的对话框中选择"数字"选项卡，将"分类"设置为"日期"，将"类型"设置为"2001 年 3 月 14 日"，如图 5.94 所示，单击"确定"按钮。

（8）选择 E3：E13 区域，单击"开始"选项卡→"样式"组→"条件格式"按钮右侧的下拉菜单按钮，在弹出的如图 5.95 所示的下拉菜单中选择"突出显示单元格规则"下的"其他规则"命令，在打开的"新建格式规则"对话框中设置"单元格值"不等于"汉"，如图 5.96 所示，并单击"格式"按钮，在打开的"设置单元格格式"对话框中选择"字体"选项卡，将字体的颜色设置为"红色"，如图 5.97 所示，单击"确定"按钮。

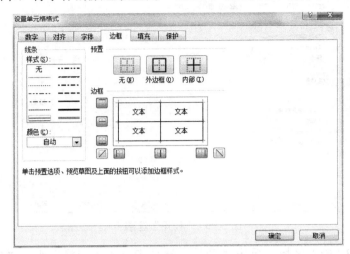

图 5.92　"边框"选项卡

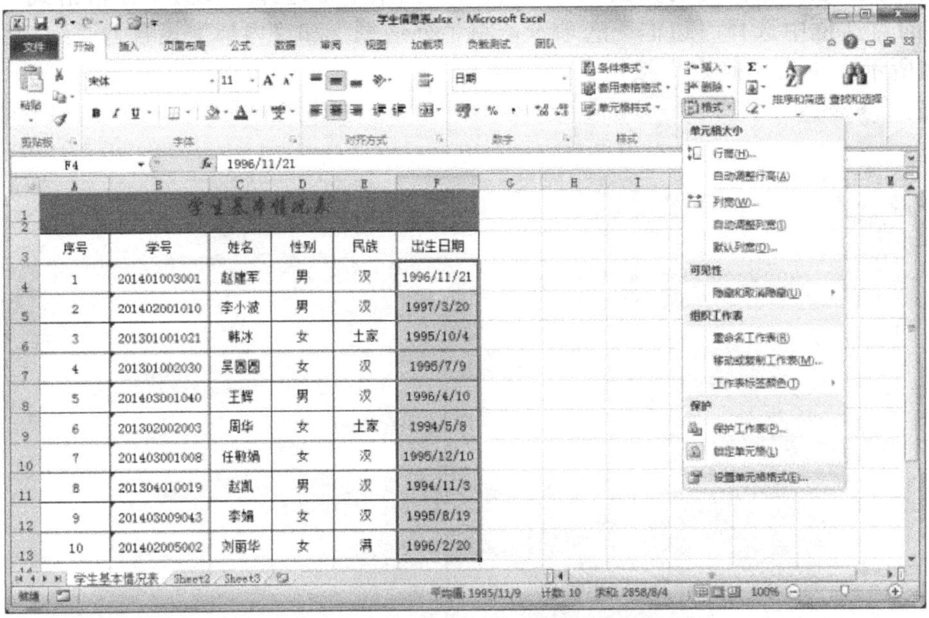

图 5.93　选择"设置单元格格式"命令

图 5.94　"数字"选项卡

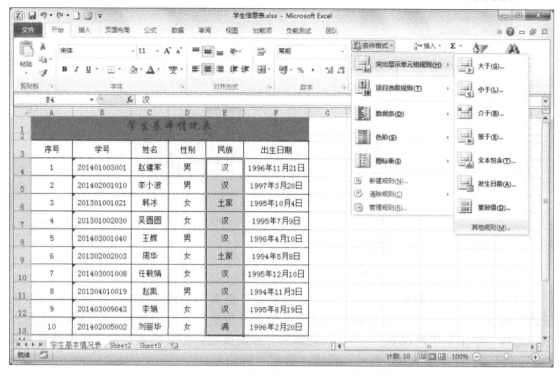

图 5.95　选择"其他规则"命令

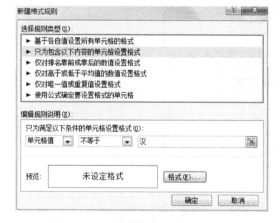

图 5.96　"新建格式规则"对话框

图 5.97　"字体"选项卡

4．打印输出

（1）单击"页面布局"选项卡→"页面设置"组右下角的 按钮，在弹出的"页面设置"对话框中选择"页边距"选项卡，将上、下边距的值设置为 2 ，将左、右边距的值设置为 2.5，如图 5.98 所示，单击"确定"按钮。

（2）单击"页面布局"选项卡→"页面设置"组右下角的 按钮，在弹出的"页面设置"对话框中选择"工作表"选项卡，将光标定位在"顶端标题行"，然后单击工作表中的第 3 行，如图 5.99 所示，单击"确定"按钮。

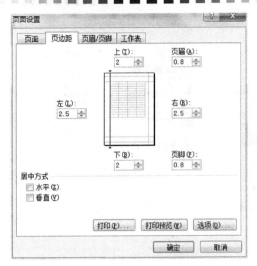

图 5.98 "页边距"选项卡

图 5.99 "工作表"选项卡

（3）单击"页面布局"选项卡→"页面设置"组右下角的 按钮，在弹出的"页面设置"对话框中选择"页眉/页脚"选项卡，单击"页眉"下方的按钮，在弹出的下拉菜单中选择"学生基本情况表"；单击"页脚"下方的按钮，在弹出的下拉菜单中选择"第1页，共？页"，如图 5.100 所示，单击"确定"按钮。

图 5.100 "页眉/页脚"选项卡

拓展训练——制作职工信息表

按要求制作职工信息表，如图 5.101 所示。

职工基本情况表

某学院职工基本情况表

职工号	姓名	性别	部门	学历	职称	工作日期
01096001	张春	男	教务处	本科	教授	1996年3月21日
02097010	刘灿	男	人事处	硕士	副教授	1997年5月20日
01006021	张婷婷	女	教务处	本科	讲师	2006年9月4日
01002007	吴悦	女	科技处	硕士	副教授	2002年1月9日
03009015	高进	男	人事处	大专	助教	2009年7月10日
02002012	周美华	女	教务处	本科	讲师	2002年7月8日
03001007	张丽	女	教务处	本科	教授	2001年8月10日
04010011	赵立翔	男	学生处	硕士	讲师	2010年1月3日
03009010	李玉娟	女	学生处	大专	讲师	2009年7月10日

第 1 页，共 1 页

图 5.101　职工信息表效果图

（1）新建 Excel 文件，并以"职工信息表.xlsx"为文件名保存在自己的文件夹下。

（2）将职工信息表.xlsx 的 Sheet1 工作表命名为"职工基本情况表"。

（3）在职工基本情况表中按要求输入数据。

（4）将单元格区域 A1：G2 合并及居中，设置字体华文行楷，字号 20 磅，文字颜色为蓝-灰，将 A3：G10 的字体设置为加粗。

（5）在标题下方插入一行，并将行高设置为 7.5。

（6）将单元格区域 A1：G2 设置为淡蓝色底纹。

（7）将单元格区域 A3：G12 的对齐方式设置为水平居中。

（8）将单元格区域 A4：C12 设置为橙色底纹。

（9）将单元格区域 D4：G12 设置为浅绿色底纹。

（10）将单元格区域 A3：G12 的外边框及第 3 行的下边框设置为红色的双实线，其他边框设置为红色的单实线。

（11）将工作日期格式设置为"xxxx 年 xx 月 xx 日"。

（12）将所有人事处的记录用红色底纹、黄色文字显示。

（13）设置上、下页边距为 2 厘米，左、右页边距为 2.5 厘米。

（14）在第 13 行上方插入分页线，并设置表格的标题为打印标题。

（15）将页眉设置为"职工基本情况表"，将页脚设置为"第 n 页，共 m 页"的格式。

任务 2　制作学生成绩表

任务描述

制作学生成绩表

在 Excel 2010 中，除了可以进行数据的输入及简单的表格处理外，最主要的还是对数据进行运算，用户可以利用公式或函数来完成工作表中数据的相关运算。为了更好地对学生的成绩进行分析，要求制作学生成绩表并完成相应的运算，如图 5.102 所示。

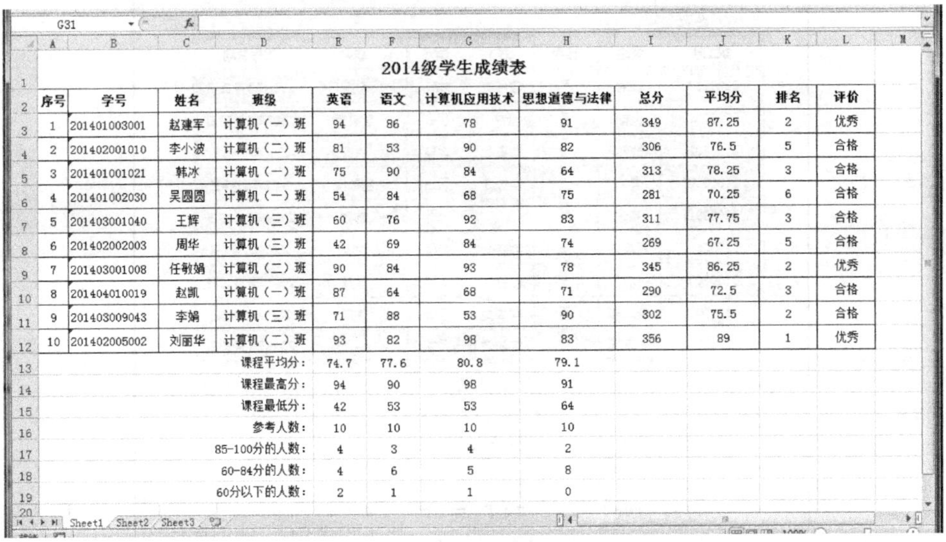

2014级学生成绩表

序号	学号	姓名	班级	英语	语文	计算机应用技术	思想道德与法律	总分	平均分	排名	评价
1	201401003001	赵建军	计算机（一）班	94	86	78	91	349	87.25	2	优秀
2	201402001010	李小波	计算机（二）班	81	53	90	82	306	76.5	5	合格
3	201401001021	韩冰	计算机（一）班	75	90	84	64	313	78.25	3	合格
4	201401002030	吴圆圆	计算机（一）班	54	84	68	75	281	70.25	6	合格
5	201403001040	王辉	计算机（三）班	60	76	92	83	311	77.75	3	合格
6	201402002003	周华	计算机（三）班	42	69	84	74	269	67.25	5	合格
7	201403001008	任敏娟	计算机（二）班	90	84	93	78	345	86.25	2	优秀
8	201404010019	赵凯	计算机（一）班	87	64	68	71	290	72.5	3	合格
9	201403009043	李娟	计算机（三）班	71	88	53	90	302	75.5	2	合格
10	201402005002	刘丽华	计算机（二）班	93	82	98	83	356	89	1	优秀
			课程平均分：	74.7	77.6	80.8	79.1				
			课程最高分：	94	90	98	91				
			课程最低分：	42	53	53	64				
			参考人数：	10	10	10	10				
			85-100分的人数：	4	3	4	2				
			60-84分的人数：	4	6	5	8				
			60分以下的人数：	2	1	1	0				

图 5.102　学生成绩表效果图

任务分析

学生成绩表的制作主要包括 Excel 中公式与函数的使用，利用公式和函数完成工作表数据的相关计算。

知识准备

5.2.1　公式

1．公式的定义

公式是指在工作表中对数据进行运算的等式，它可以对数据进行加、减、乘、除、比较等多种运算。公式中可以包含运算符、单元格地址、常量或函数等。在输入公式之前先输入“=”，如=50*11、=max(20,60)等。

2．运算符

（1）运算符类型。Excel 2010 中可用的运算符类型主要包括算术运算符、比较运算符和字符运算符，如表 5.1 所示。

表 5.1　运算符

运算符类型	运　算　符	含　义
算术运算符	+	加法
	-	减法
	*	乘法
	/	除法
	%	百分数
	^	乘方

续表

运算符类型	运　算　符	含　义
比较运算符	=	等于
	<	小于
	>	大于
	<=	小于等于
	>=	大于等于
	<>	不等于
字符运算符	&	连接

（2）运算符优先级别。在 Excel 2010 中，不同的运算符具有不同的优先级别，同一级别的运算符按照从左到右的次序进行运算，而不同类型的运算符其优先级别如表 5.2 所示。

表 5.2　运算符优先级别

运　算　符	含　义
^	乘方
%	百分数
*和/	乘除
+和-	加减
= < > <= >= <>	比较运算符

3. 单元格引用

单元格引用主要是用来指明公式或函数中所使用的数据所在的位置。在默认状态下，Excel 2010 通常使用行标和列标来表示单元格引用。如果要引用单元格，则只需要顺序输入单元格的列标和行标即可，如 C2 单元格则表示第 2 行第 3 列交叉的单元格。在 Excel 2010 中，单元格的引用主要包括相对引用、绝对引用、混合引用和三维引用 4 种方式。

（1）相对引用。相对引用是指单元格引用会随着公式所在单元格位置的变化而变化。它是直接顺序输入单元格的列标和行标，如 A2。

（2）绝对引用。绝对引用是指单元格引用不会随着公式所在单元格位置的变化而变化。它是在单元格的列标和行标之前分别加入符号"$"，如$A$2。

（3）混合引用。混合引用是指在单元格的列标或行标之前加入符号"$"，在复制公式时可以实现行不变或列不变，如$A2，A$2。

（4）三维引用。如果要分析同一工作簿中多张工作表上的数据，就要使用三维引用。三维引用是指引用非当前工作表中的单元格，其格式是"[工作簿名称]工作表名称！单元格地址"，如[学生信息表.xlsx]Sheet1!A2。如果引用的是同一个工作簿中其他工作表的单元格，则不需要指明工作簿名称，如 Sheet2!A2。

5.2.2　函数

函数是预先编制好的用于数据计算和处理的公式，Excel 2010 提供了数百个可以处理各种计算需求的函数。

1. 函数的格式

函数的格式是：函数名(参数序列)

其中，"参数序列"可以是一个或多个参数，参数与参数之间以逗号隔开，如 SUM(20，30)等。

2．函数的输入

函数的输入主要有以下几种方法。

方法一：如果用户对函数比较熟悉，则直接选择需要使用函数的单元格，然后从键盘上输入相应的函数。

方法二：在如图 5.103 所示的"公式"选项卡单击相应函数类型下方的三角符号按钮，然后在弹出的下拉菜单中选择相应的函数，并完成相应函数的参数设置。

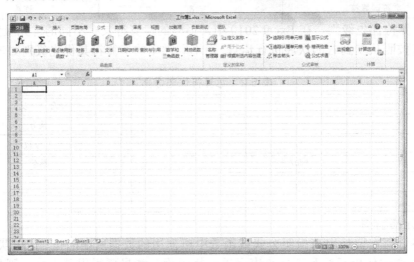

图 5.103 "公式"选项卡

方法三：如果用户找不到相应函数的类型，则单击"公式"选项卡→"函数库"组→"fx"按钮，在弹出的如图 5.104 所示的"插入函数"对话框中完成函数的选择及函数参数的设置，然后单击"确定"按钮即可。

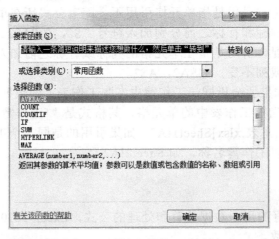

图 5.104 "插入函数"对话框

3．常用函数

Excel 2010 中的常用函数如表 5.3 所示。

表 5.3　常用函数

函　数	功　能	示　例
SUM()	求和	SUM(A1:A10)
AVERAGE()	求平均值	AVERAGE (A1:A10)
MAX()	求最大值	MAX (A1:A10)
MIN()	求最小值	MIN (A1:A10)
INT()	取整	INT(A1)
ROUND()	四舍五入	ROUND(A1,2)
LEFT()	从字符串左边开始截取字符	LEFT(B1,4)
RIGHT()	从字符串右边开始截取字符	RIGHT(B1,4)
MID()	从字符串指定位置截取指定长度的字符	MID(B1,4,2)
NOW()	返回当前的日期和时间	NOW()
TODAY()	返回当前日期	TODAY()
YEAR()	返回日期的年份	YEAR("2015-01-01")
MONTH()	返回日期的月份	MONTH("2015-01-01")
DAY()	返回日期的日	DAY("2015-01-01")
WEEKDAY()	返回日期对应的星期中的第几天	WEEKDAY("2015-01-01")
HOUR()	返回时间的小时	HOUR("10:14:20")
MINUTE()	返回时间的分钟	MINUTE("10:14:20")
SECOND()	返回时间的秒	SECOND("10:14:20")
COUNT()	计数	COUNT(B2:B10)
IF()	条件	IF(B2>=60,"及格","不及格")
SUMIF()	条件求和	SUMIF(C2:C12,">=80",F2:F12)
COUNTIF()	条件计数	COUNTIF(C2:C12,">=60")
RANK()	名次排位	RANK(A1,$A$1:$A$5,0)

任务实施

任务要求

打开"学生成绩表.xlsx"文件，并按要求完成以下操作：

（1）利用公式或函数计算每个学生的总分。

（2）利用函数对每个学生的成绩进行排名。

（3）利用函数计算各科成绩的平均分。

（4）利用函数求各科成绩的最高分。

（5）利用函数求各科成绩的最低分。

（6）利用函数统计学生人数。

（7）利用函数统计每门课程分数在 85～100、60～84 及 60 分以下的人数。

（8）利用函数给出每个同学的评价等级，平均分在 85 分以上（含 85 分），评价为"优秀"；平均分在 60～84 之间，评价为"合格"；平均分在 60 分以下，评价为"不合格"。

实施思路

1. 公式

利用公式计算每个学生的总分。打开“学生成绩表.xlsx”文件，将光标定位在 I3 单元格中，输入“=D3+E3+F3+G3”后按回车键。然后选中 I3 单元格，往下拖动填充柄至 I12，即可完成每个同学总分的计算，如图 5.105 所示。

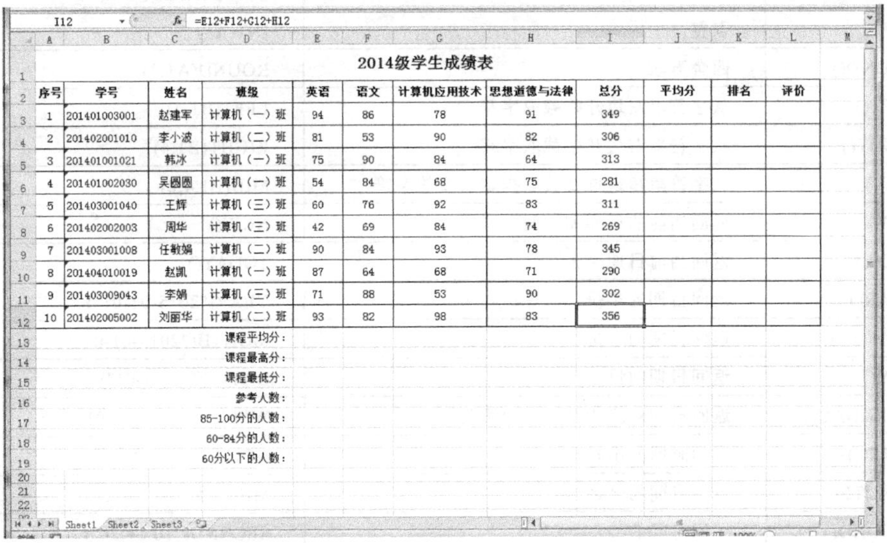

I12 =E12+F12+G12+H12

2014级学生成绩表

序号	学号	姓名	班级	英语	语文	计算机应用技术	思想道德与法律	总分	平均分	排名	评价
1	201401003001	赵建军	计算机（一）班	94	86	78	91	349			
2	201402001010	李小波	计算机（二）班	81	53	90	82	306			
3	201401001021	韩冰	计算机（一）班	75	90	84	64	313			
4	201401002030	吴圆圆	计算机（一）班	54	84	68	75	281			
5	201403001040	王辉	计算机（三）班	60	76	92	83	311			
6	201402002003	周华	计算机（三）班	42	69	84	74	269			
7	201403001008	任敏娟	计算机（二）班	90	84	93	78	345			
8	201404010019	赵凯	计算机（一）班	87	64	68	71	290			
9	201403009043	李娟	计算机（三）班	71	88	53	90	302			
10	201402005002	刘丽华	计算机（二）班	93	82	98	83	356			
			课程平均分：								
			课程最高分：								
			课程最低分：								
			参考人数：								
			85-100分的人数：								
			60-84分的人数：								
			60分以下的人数：								

Sheet1 Sheet2 Sheet3

图 5.105　利用公式计算总分

2. 函数

（1）利用函数计算每个同学的总分。将光标定位在 I3 单元格中，单击“公式”选项卡→“函数库”组→“Σ”按钮或直接在编辑栏输入“=SUM(E3:H3)”后按回车键。然后选中 I3 单元格，往下拖动填充柄至 I12，即可完成每个同学总分的计算，如图 5.106 所示。

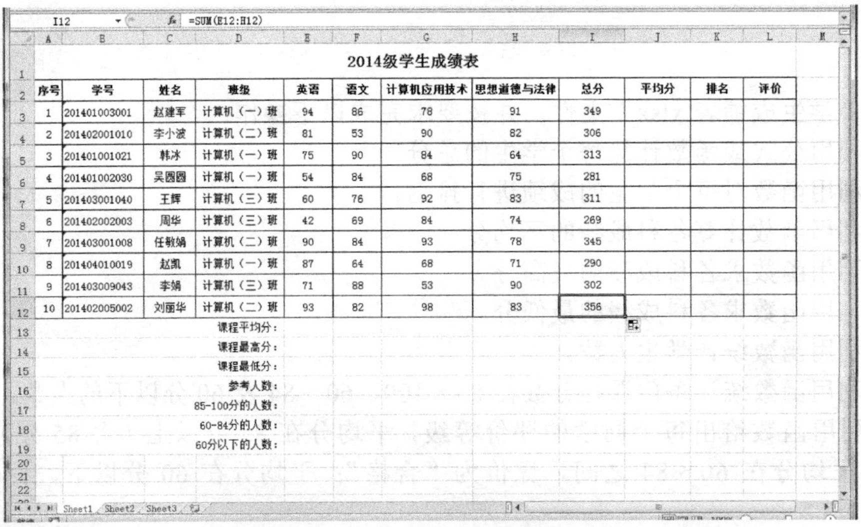

I12 =SUM(E12:H12)

2014级学生成绩表

序号	学号	姓名	班级	英语	语文	计算机应用技术	思想道德与法律	总分	平均分	排名	评价
1	201401003001	赵建军	计算机（一）班	94	86	78	91	349			
2	201402001010	李小波	计算机（二）班	81	53	90	82	306			
3	201401001021	韩冰	计算机（一）班	75	90	84	64	313			
4	201401002030	吴圆圆	计算机（一）班	54	84	68	75	281			
5	201403001040	王辉	计算机（三）班	60	76	92	83	311			
6	201402002003	周华	计算机（三）班	42	69	84	74	269			
7	201403001008	任敏娟	计算机（二）班	90	84	93	78	345			
8	201404010019	赵凯	计算机（一）班	87	64	68	71	290			
9	201403009043	李娟	计算机（三）班	71	88	53	90	302			
10	201402005002	刘丽华	计算机（二）班	93	82	98	83	356			
			课程平均分：								
			课程最高分：								
			课程最低分：								
			参考人数：								
			85-100分的人数：								
			60-84分的人数：								
			60分以下的人数：								

Sheet1 Sheet2 Sheet3

图 5.106　利用 SUM( )函数计算总分

（2）利用函数计算每个同学的平均分。将光标定位在 J3 单元格中，然后单击"公式"选项卡→"函数库"组→"Σ"按钮右侧的下拉菜单按钮，在弹出的下拉菜单中选择"平均值"命令，选择数据区域 E3：H3 后按回车键；或者直接在编辑栏输入"=SUM(E3:H3)"后按回车键。然后选中 J3 单元格，往下拖动填充柄至 J12，即可完成每个同学平均分的计算，如图 5.107 所示。

图 5.107　利用 AVERAGE( )函数计算平均分

（3）利用函数对每个学生的成绩进行排名。将光标定位在 K3 单元格中，然后单击"公式"选项卡→"函数库"组→"fx"按钮，在打开的如图 5.108 所示的"插入函数"对话框中选择 RANK 函数，在打开的"函数参数"对话框中完成参数的设置，如图 5.109 所示；或者直接在编辑栏输入"=RANK(I3,I3:I12,0)"后按回车键。然后选中 K3 单元格，往下拖动填充柄至 K12，即可完成对每个同学的成绩进行排名，如图 5.110 所示。

图 5.108　"插入函数"对话框　　图 5.109　RANK( )函数参数对话框

（4）利用函数计算各科成绩的平均分。将光标定位在 E13 单元格中，然后单击"公式"选项卡→"函数库"组→"Σ"按钮右侧的下拉菜单按钮，在弹出的下拉菜单中选择"平均值"命令，然后选择数据区域 E3：E12 后按回车键；或者直接在编辑栏输入"=AVERAGE(E3:E12)"后按回车键。然后选中 E13 单元格，往右拖动填充柄至 H13，即可完成每门课程平均分的计算，如图 5.111 所示。

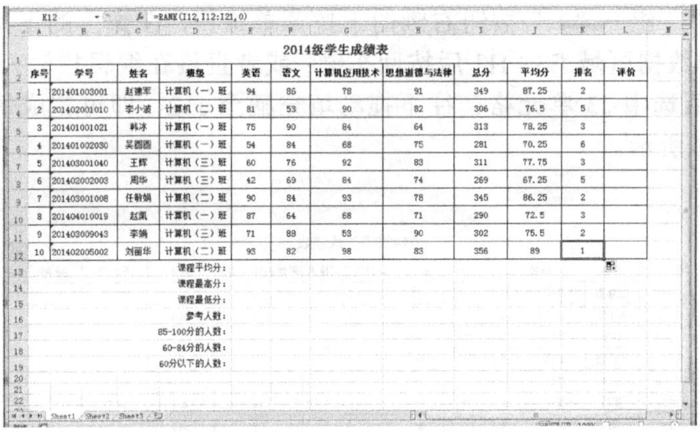

K12 =RANK(I12,I12:I21,0)

2014级学生成绩表

序号	学号	姓名	班级	英语	语文	计算机应用技术	思想道德与法律	总分	平均分	排名	评价
1	201401003001	赵建军	计算机（一）班	94	86	78	91	349	87.25	2	
2	201402001010	李小波	计算机（二）班	81	53	90	82	306	76.5	5	
3	201401001021	韩冰	计算机（一）班	75	90	84	64	313	78.25	3	
4	201401002030	吴圆圆	计算机（一）班	54	84	68	75	281	70.25	6	
5	201403001040	王辉	计算机（三）班	60	76	92	83	311	77.75	3	
6	201402002003	周华	计算机（三）班	42	69	84	74	269	67.25	5	
7	201403001008	任敏娟	计算机（二）班	90	84	93	78	345	86.25	2	
8	201404010019	赵凯	计算机（一）班	87	64	68	71	290	72.5	3	
9	201403009043	李娟	计算机（三）班	71	88	53	90	302	75.5	2	
10	201402005002	刘丽华	计算机（二）班	93	82	98	83	356	89	1	
			课程平均分：								
			课程最高分：								
			课程最低分：								
			参考人数：								
			85-100分的人数：								
			60-84分的人数：								
			60分以下的人数：								

Sheet1 Sheet2 Sheet3

图 5.110　利用 RANK( )函数进行排名

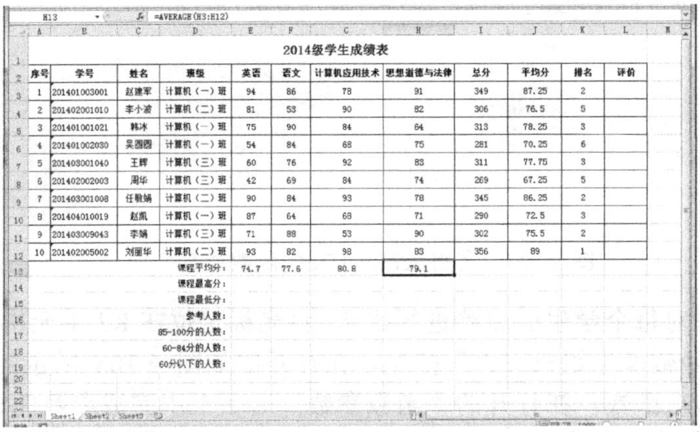

H13 =AVERAGE(H3:E12)

2014级学生成绩表

序号	学号	姓名	班级	英语	语文	计算机应用技术	思想道德与法律	总分	平均分	排名	评价
1	201401003001	赵建军	计算机（一）班	94	86	78	91	349	87.25	2	
2	201402001010	李小波	计算机（二）班	81	53	90	82	306	76.5	5	
3	201401001021	韩冰	计算机（一）班	75	90	84	64	313	78.25	3	
4	201401002030	吴圆圆	计算机（一）班	54	84	68	75	281	70.25	6	
5	201403001040	王辉	计算机（三）班	60	76	92	83	311	77.75	3	
6	201402002003	周华	计算机（三）班	42	69	84	74	269	67.25	5	
7	201403001008	任敏娟	计算机（二）班	90	84	93	78	345	86.25	2	
8	201404010019	赵凯	计算机（一）班	87	64	68	71	290	72.5	3	
9	201403009043	李娟	计算机（三）班	71	88	53	90	302	75.5	2	
10	201402005002	刘丽华	计算机（二）班	93	82	98	83	356	89	1	
			课程平均分：	74.7	77.6	80.8	79.1				
			课程最高分：								
			课程最低分：								
			参考人数：								
			85-100分的人数：								
			60-84分的人数：								
			60分以下的人数：								

Sheet1 Sheet2 Sheet3

图 5.111　利用 AVERAGE( )函数计算课程平均分

（5）利用函数计算各科成绩的最高分。将光标定位在 E14 单元格中，然后单击“公式”选项卡→“函数库”组→“Σ”按钮右侧的下拉菜单按钮，在弹出的下拉菜单中选择“最大值”命令，然后选择数据区域 E3∶E12 后按回车键；或者直接在编辑栏输入“=MAX(E3:E12)”后按回车键。然后选中 E14 单元格，往右拖动填充柄至 H14，即可完成每门课程最高分的计算，如图 5.112 所示。

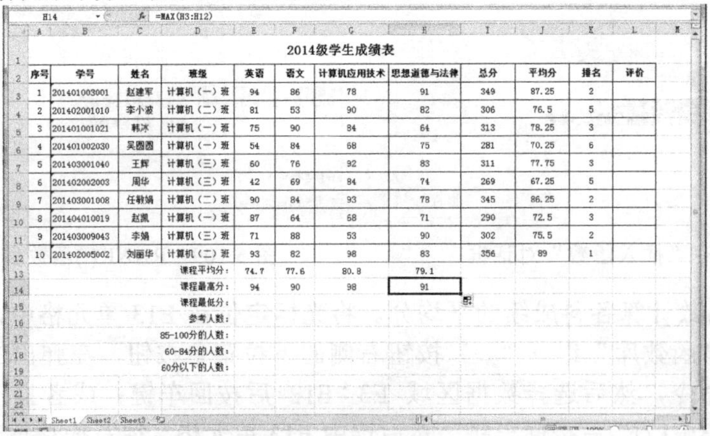

H14 =MAX(H3:H12)

2014级学生成绩表

序号	学号	姓名	班级	英语	语文	计算机应用技术	思想道德与法律	总分	平均分	排名	评价
1	201401003001	赵建军	计算机（一）班	94	86	78	91	349	87.25	2	
2	201402001010	李小波	计算机（二）班	81	53	90	82	306	76.5	5	
3	201401001021	韩冰	计算机（一）班	75	90	84	64	313	78.25	3	
4	201401002030	吴圆圆	计算机（一）班	54	84	68	75	281	70.25	6	
5	201403001040	王辉	计算机（三）班	60	76	92	83	311	77.75	3	
6	201402002003	周华	计算机（三）班	42	69	84	74	269	67.25	5	
7	201403001008	任敏娟	计算机（二）班	90	84	93	78	345	86.25	2	
8	201404010019	赵凯	计算机（一）班	87	64	68	71	290	72.5	3	
9	201403009043	李娟	计算机（三）班	71	88	53	90	302	75.5	2	
10	201402005002	刘丽华	计算机（二）班	93	82	98	83	356	89	1	
			课程平均分：	74.7	77.6	80.8	79.1				
			课程最高分：	94	90	98	91				
			课程最低分：								
			参考人数：								
			85-100分的人数：								
			60-84分的人数：								
			60分以下的人数：								

Sheet1 Sheet2 Sheet3

图 5.112　利用 MAX( )函数计算课程最高分

（6）利用函数计算各科成绩的最低分。将光标定位在 E15 单元格中，然后单击“公式”选项卡→“函数库”组→“Σ”按钮右侧的下拉菜单按钮，在弹出的下拉菜单中选择“最小值”命令，然后选择数据区域 E3：E12 后按回车键；或者直接在编辑栏输入“=MIN(E3:E12)”后按回车键。然后选中 E15 单元格，往右拖动填充柄至 H15，即可完成每门课程最低分的计算，如图 5.113 所示。

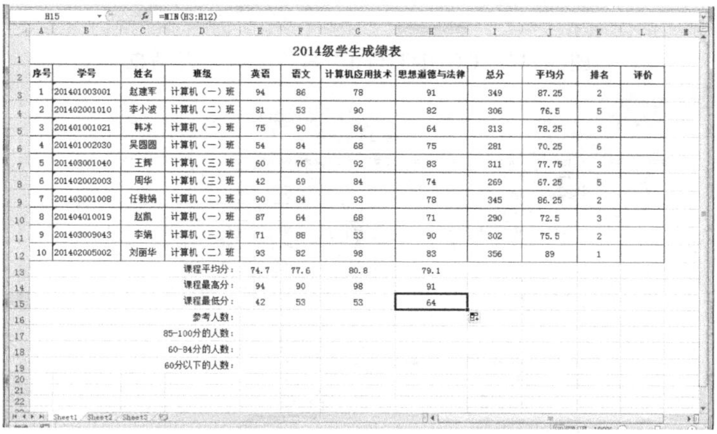

H15　=MIN(H3:H12)

2014级学生成绩表

序号	学号	姓名	班级	英语	语文	计算机应用技术	思想道德与法律	总分	平均分	排名	评价
1	201401003001	赵建军	计算机（一）班	94	86	78	91	349	87.25	2	
2	201402001010	李小波	计算机（二）班	81	53	90	82	306	76.5	5	
3	201401001021	韩冰	计算机（一）班	75	90	84	64	313	78.25	3	
4	201401002030	吴圆圆	计算机（一）班	54	84	68	75	281	70.25	6	
5	201403001040	王辉	计算机（三）班	60	76	92	83	311	77.75	3	
6	201402002003	周华	计算机（三）班	42	69	84	74	269	67.25	5	
7	201403001008	任敏娟	计算机（二）班	90	84	93	78	345	86.25	2	
8	201404010019	赵凯	计算机（一）班	87	64	68	71	290	72.5	3	
9	201403009043	李娟	计算机（三）班	71	88	53	90	302	75.5	2	
10	201402005002	刘丽华	计算机（二）班	93	82	98	83	356	89	1	
			课程平均分：	74.7	77.6	80.8	79.1				
			课程最高分：	94	90	98	91				
			课程最低分：	42	53	53	64				
			参考人数：								
			85-100分的人数：								
			60-84分的人数：								
			60分以下的人数：								

图 5.113　利用 MIN( )函数计算课程最低分

（7）利用函数统计学生人数。将光标定位在 E16 单元格中，然后单击“公式”选项卡→“函数库”组→“Σ”按钮右侧的下拉菜单按钮，在弹出的下拉菜单中选择“计数”命令，然后选择数据区域 E3：E12 后按回车键；或者直接在编辑栏输入“=COUNT(E3:E12)”后按回车键。然后选中 E16 单元格，往右拖动填充柄至 H16，即可完成学生人数的统计，如图 5.114 所示。

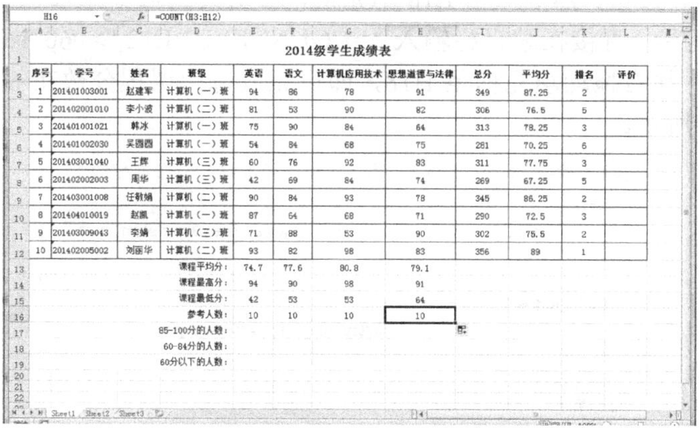

H16　=COUNT(H3:H12)

2014级学生成绩表

序号	学号	姓名	班级	英语	语文	计算机应用技术	思想道德与法律	总分	平均分	排名	评价
1	201401003001	赵建军	计算机（一）班	94	86	78	91	349	87.25	2	
2	201402001010	李小波	计算机（二）班	81	53	90	82	306	76.5	5	
3	201401001021	韩冰	计算机（一）班	75	90	84	64	313	78.25	3	
4	201401002030	吴圆圆	计算机（一）班	54	84	68	75	281	70.25	6	
5	201403001040	王辉	计算机（三）班	60	76	92	83	311	77.75	3	
6	201402002003	周华	计算机（三）班	42	69	84	74	269	67.25	5	
7	201403001008	任敏娟	计算机（二）班	90	84	93	78	345	86.25	2	
8	201404010019	赵凯	计算机（一）班	87	64	68	71	290	72.5	3	
9	201403009043	李娟	计算机（三）班	71	88	53	90	302	75.5	2	
10	201402005002	刘丽华	计算机（二）班	93	82	98	83	356	89	1	
			课程平均分：	74.7	77.6	80.8	79.1				
			课程最高分：	94	90	98	91				
			课程最低分：	42	53	53	64				
			参考人数：	10	10	10	10				
			85-100分的人数：								
			60-84分的人数：								
			60分以下的人数：								

图 5.114　利用 COUNT( )函数统计学生人数

（8）利用函数统计每门课程分数在 85～100 分的人数。将光标定位在 E17 单元格中，然后单击“公式”选项卡→“函数库”组→“*fx*”按钮，在打开的“插入函数”对话框中选择 COUNTIF 函数，然后单击“确定”按钮，在打开的“函数参数”对话框中完成参数的设置，如图 5.115 所示，单击“确定”按钮；或者选中 E17 单元格，直接在编辑栏输入“=COUNTIF(E3:E12,">=85")”后按回车键。选中 E17 单元格，往右拖动填充柄至 H17，即可完成每门课程分数在 85～100 分的人数的统计，如图 5.116 所示。

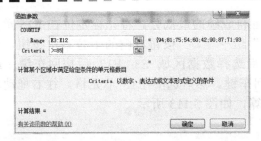

图 5.115　COUNTIF( )“函数参数”对话框

H17　=COUNTIF(H3:H12,">=85")

2014级学生成绩表

序号	学号	姓名	班级	英语	语文	计算机应用技术	思想道德与法律	总分	平均分	排名	评价
1	201401003001	赵建军	计算机（一）班	94	86	78	91	349	87.25	2	
2	201402001010	李小波	计算机（二）班	81	53	90	82	306	76.5	5	
3	201401001021	韩冰	计算机（一）班	75	90	84	64	313	78.25	3	
4	201401002030	吴圆圆	计算机（一）班	54	84	68	75	281	70.25	6	
5	201403001040	王辉	计算机（三）班	60	76	92	83	311	77.75	3	
6	201402002003	周华	计算机（三）班	42	69	84	74	269	67.25	5	
7	201403001008	任敏娟	计算机（二）班	90	84	93	78	345	86.25	2	
8	201404010019	赵凯	计算机（一）班	87	64	68	71	290	72.5	3	
9	201403009043	李娟	计算机（三）班	71	88	53	90	302	75.5	2	
10	201402005002	刘丽华	计算机（二）班	93	82	98	83	356	89	1	
			课程平均分：	74.7	77.6	80.8	79.1				
			课程最高分：	94	90	98	91				
			课程最低分：	42	53	53	64				
			参考人数：	10	10	10	10				
			85-100分的人数：	4	3	4	2				
			60-84分的人数：								
			60分以下的人数：								

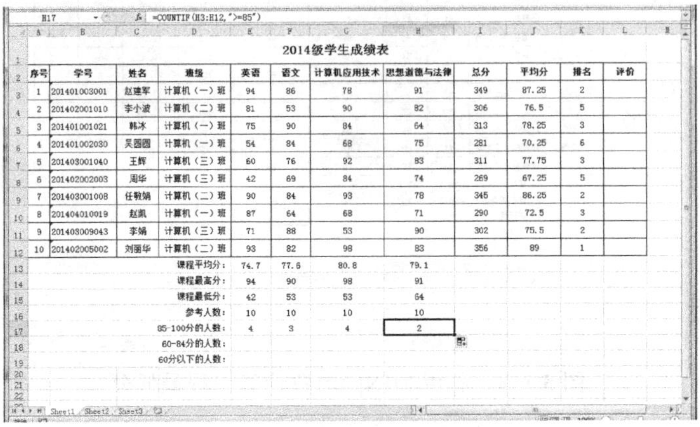

图 5.116　利用 COUNTIF( )函数统计 85～100 分的人数

（9）利用函数统计分数在 60～84 分的人数。将光标定位在 E18 单元格中，然后单击“公式”选项卡→“函数库”组→“*fx*”按钮，在打开的“插入函数”对话框中选择 COUNTIF 函数，然后单击“确定”按钮，在打开的“函数参数”对话框中完成参数的设置，如图 5.117 所示，单击“确定”按钮，然后双击 E18 单元格，在函数的末尾输入“-E17”后按回车键；或者选中 E18 单元格，直接在编辑栏输入“=COUNTIF(E3:E12,">=60")-E17”后按回车键。选中 E18 单元格，往右拖动填充柄至 H18，即可完成每门课程分数在 60～84 分的人数的统计，如图 5.118 所示。

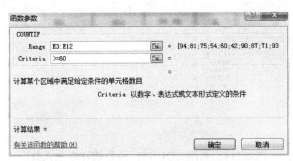

图 5.117　COUNTIF( )“函数参数”对话框

（10）利用函数统计不及格的人数。将光标定位在 E19 单元格中，然后单击“公式”选项卡→“函数库”组→“*fx*”按钮，在打开的“插入函数”对话框中选择 COUNTIF 函数，然后单击“确定”按钮，在打开的“函数参数”对话框中完成参数的设置，如图 5.119 所示，单击“确定”按钮；或者选中 E19 单元格，然后直接在编辑栏输入“=COUNTIF(E3:E12,"<60")”后按回车键。选中 E19 单元格，往右拖动填充柄至 H19，

即可完成每门课程不及格人数的统计，如图 5.120 所示。

序号	学号	姓名	班级	英语	语文	计算机应用技术	思想道德与法律	总分	平均分	排名	评价
1	201401003001	赵建军	计算机（一）班	94	86	78	91	349	87.25	2	
2	201402001010	李小波	计算机（二）班	81	53	90	82	306	76.5	5	
3	201401001021	韩冰	计算机（一）班	75	90	84	64	313	78.25	3	
4	201401002030	吴圆圆	计算机（一）班	54	84	68	75	281	70.25	6	
5	201403001040	王辉	计算机（三）班	60	76	92	83	311	77.75	3	
6	201402002003	周华	计算机（三）班	42	69	84	74	269	67.25	5	
7	201403001008	任毅娟	计算机（二）班	90	84	93	78	345	86.25	2	
8	201404010019	赵凯	计算机（一）班	87	64	68	71	290	72.5	3	
9	201403009043	李娟	计算机（三）班	71	88	53	90	302	75.5	2	
10	201402005002	刘丽华	计算机（二）班	93	82	98	83	356	89	1	
			课程平均分：	74.7	77.6	80.8	79.1				
			课程最高分：	94	90	98	91				
			课程最低分：	42	53	53	64				
			参考人数：	10	10	10	10				
			85-100分的人数：	4	3	4	2				
			60-84分的人数：	4	6	5	8				
			60分以下的人数：								

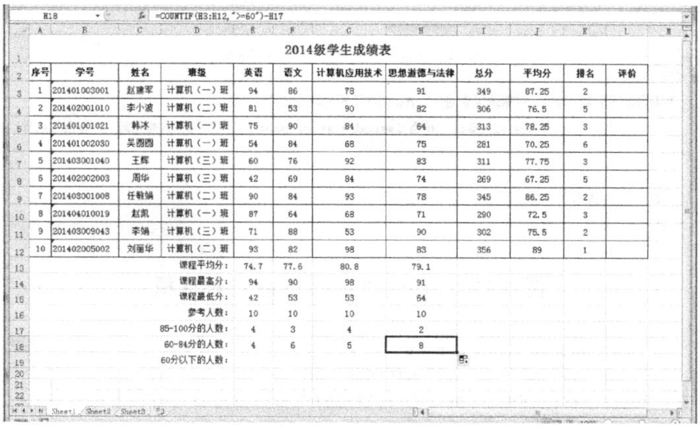

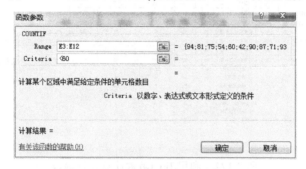

图 5.118　利用 COUNTIF( )函数统计 60～84 分的人数

图 5.119　COUNTIF( )“函数参数”对话框

序号	学号	姓名	班级	英语	语文	计算机应用技术	思想道德与法律	总分	平均分	排名	评价
1	201401003001	赵建军	计算机（一）班	94	86	78	91	349	87.25	2	
2	201402001010	李小波	计算机（二）班	81	53	90	82	306	76.5	5	
3	201401001021	韩冰	计算机（一）班	75	90	84	64	313	78.25	3	
4	201401002030	吴圆圆	计算机（一）班	54	84	68	75	281	70.25	6	
5	201403001040	王辉	计算机（三）班	60	76	92	83	311	77.75	3	
6	201402002003	周华	计算机（三）班	42	69	84	74	269	67.25	5	
7	201403001008	任毅娟	计算机（二）班	90	84	93	78	345	86.25	2	
8	201404010019	赵凯	计算机（一）班	87	64	68	71	290	72.5	3	
9	201403009043	李娟	计算机（三）班	71	88	53	90	302	75.5	2	
10	201402005002	刘丽华	计算机（二）班	93	82	98	83	356	89	1	
			课程平均分：	74.7	77.6	80.8	79.1				
			课程最高分：	94	90	98	91				
			课程最低分：	42	53	53	64				
			参考人数：	10	10	10	10				
			85-100分的人数：	4	3	4	2				
			60-84分的人数：	4	6	5	8				
			60分以下的人数：	2	1	1	0				

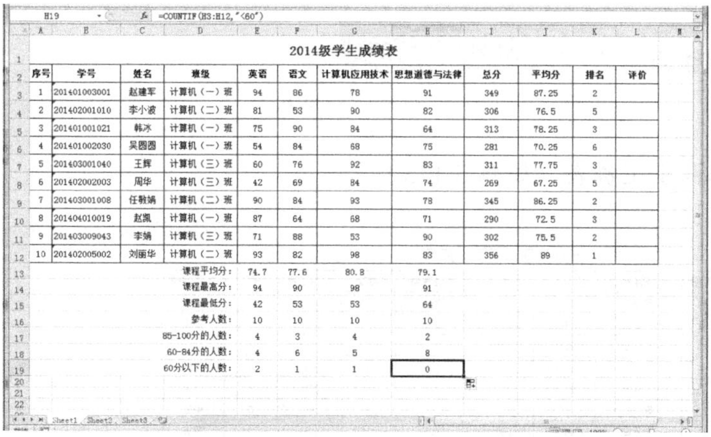

图 5.120　利用 COUNTIF( )函数统计不及格的人数

（11）利用函数给出每个同学的评价等级。将光标定位在 L3 单元格中，然后单击“公式”选项卡→“函数库”组→“f_x”按钮，在打开的“插入函数”对话框中选择 IF 函数，然后单击“确定”按钮，在打开的“函数参数”对话框中完成参数的设置，如图 5.121 所示，单击“确定”按钮；或者选中 L3 单元格，然后直接在编辑栏输入“=IF(J3>=85,"优秀",IF(J3>=60,"合格","不合格"))”后按回车键。选中 L3 单元格，往下拖动填充柄至 L12，即可按要求给出每个同学的评价等级，如图 5.122 所示。

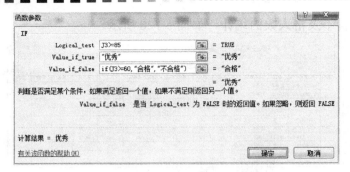

图 5.121　IF( )“函数参数”对话框

L12　=IF(J12>=85,"优秀",IF(J12>=60,"合格","不合格"))

2014级学生成绩表

序号	学号	姓名	班级	英语	语文	计算机应用技术	思想道德与法律	总分	平均分	排名	评价
1	201401003001	赵建军	计算机（一）班	94	86	78	91	349	87.25	2	优秀
2	201402001010	李小波	计算机（二）班	81	53	90	82	306	76.5	5	合格
3	201401001021	韩冰	计算机（一）班	75	90	84	64	313	78.25	3	合格
4	201401002030	吴圆圆	计算机（一）班	54	84	68	75	281	70.25	6	合格
5	201403001040	王辉	计算机（三）班	60	76	92	83	311	77.75	3	合格
6	201402002003	周华	计算机（三）班	42	69	84	74	269	67.25	5	合格
7	201403001008	任敏娟	计算机（二）班	90	84	93	78	345	86.25	2	优秀
8	201404010019	赵凯	计算机（一）班	87	64	68	71	290	72.5	3	合格
9	201403009043	李娟	计算机（三）班	71	88	53	90	302	75.5	2	合格
10	201402005002	刘丽华	计算机（二）班	93	82	98	83	356	89	1	优秀
			课程平均分：	74.7	77.6	80.8	79.1				
			课程最高分：	94	90	98	91				
			课程最低分：	42	53	53	64				
			参考人数：	10	10	10	10				
			85-100分的人数：	4	3	4	2				
			60-84分的人数：	4	6	5	8				
			60分以下的人数：	2	1	1	0				

Sheet1　Sheet2　Sheet3

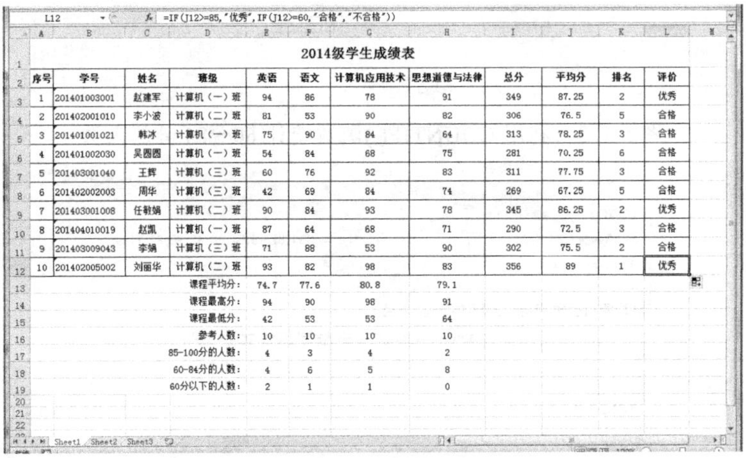

图 5.122　利用 IF( )函数计算评价等级

拓展训练——制作职工工资表

按要求制作职工工资表，如图 5.123 所示。

某学院职工工资一览表

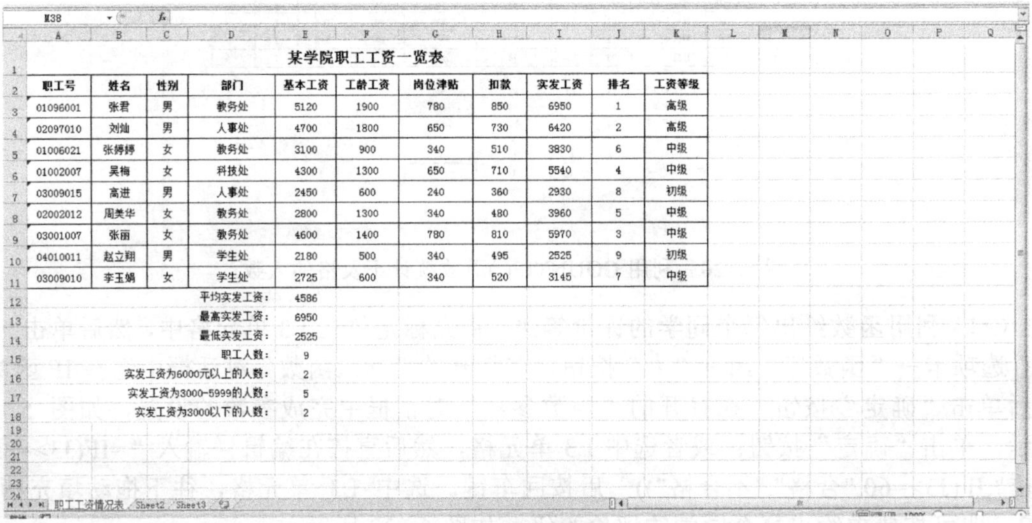

职工号	姓名	性别	部门	基本工资	工龄工资	岗位津贴	扣款	实发工资	排名	工资等级
01096001	张君	男	教务处	5120	1900	780	850	6950	1	高级
02097010	刘灿	男	人事处	4700	1800	650	730	6420	2	高级
01006021	张婷婷	女	教务处	3100	900	340	510	3830	6	中级
01002007	吴梅	女	科技处	4300	1300	650	710	5540	4	中级
03009015	高进	男	人事处	2450	600	240	360	2930	8	初级
02002012	周美华	女	教务处	2800	1300	340	480	3960	5	中级
03001007	张丽	女	教务处	4600	1400	780	810	5970	3	中级
04010011	赵立翔	男	学生处	2180	500	340	495	2525	9	初级
03009010	李玉娟	女	学生处	2725	600	340	520	3145	7	中级
			平均实发工资：	4586						
			最高实发工资：	6950						
			最低实发工资：	2525						
			职工人数：	9						
			实发工资为6000元以上的人数：	2						
			实发工资为3000-5999的人数：	5						
			实发工资为3000以下的人数：	2						

职工工资情况表　Sheet2　Sheet3

图 5.123　职工工资表效果图

打开"职工工资表.xlsx"文件，并按要求完成以下操作：

（1）利用公式或函数计算每个职工的实发工资。

（2）利用函数对每个职工的实发工资进行排名。

（3）利用函数计算职工的平均实发工资。

（4）利用函数求职工的最高实发工资。

（5）利用函数求职工的最低实发工资。

（6）利用函数统计职工人数。

（7）利用函数统计职工实发工资在 6000 元以上、3000～5999 元及 3000 元以下的人数。

（8）利用函数给出每个职工的工资等级，实发工资在 6000 元以上（含 6000 元），等级为"高级"；实发工资在 3000～5999 元之间，等级为"中级"；实发工资在 3000 元以下，等级为"初级"。

任务 3　管理学生成绩表

管理学生成绩表

任务描述

在 Excel 2010 中，对其中的数据除了可以通过公式与函数进行数据运算，还可以对数据进行管理，从而实现数据的排序、筛选、分类汇总及合并计算等。为了了解学生的成绩情况，根据用户的需求对学生成绩的数据进行相应的数据管理，如图 5.124 所示。

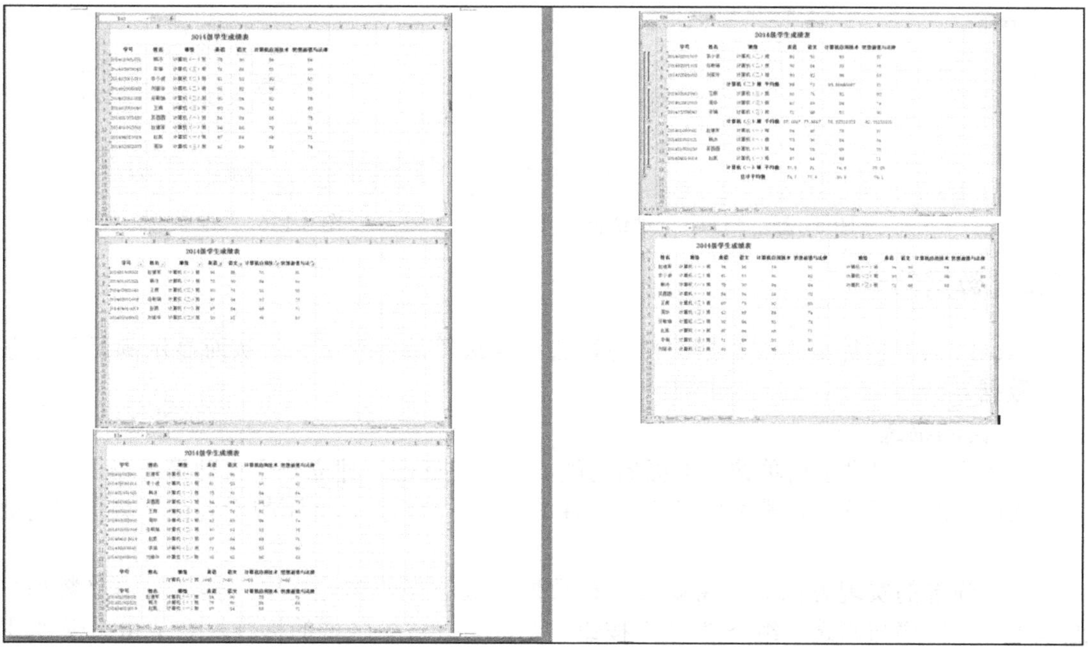

图 5.124　管理学生成绩表效果图

任务分析

学生成绩表的管理主要包括数据排序、数据筛选、分类汇总、合并计算等操作。

知识准备

5.3.1 数据排序

通过排序，可以使工作表中的数据根据某些特定列的内容进行重新排列，这些特定列称为排序的"关键字"。在 Excel 2010 中，最多可以依据 3 个关键字进行排序，依次称为"主要关键字""次要关键字""第三关键字"。

依据多个关键字进行数据排序时，Excel 2010 遵循以下原则：首先根据"主要关键字"进行排序，如果某些行的主要关键字的值相同，则根据"次要关键字"进行排序，如果某些行的次要关键字的值都相同，那么根据"第三关键字"进行排序。

Excel 2010 主要有两种排序方法：①按照一个关键字进行排序，则单击"数据"功能区中"排序与筛选"选项组的"↓"按钮和"↓"按钮。②按照多个关键字，则单击"数据"选项卡→"排序与筛选"组→"⊞"按钮，在打开的如图 5.125 所示的"排序"对话框中进行关键字的设置。

在默认情况下，数据的排序是在列的方向按照字母的顺序进行排序，如果需要按行或按笔画顺序排序，则单击"排序"对话框中的"选项"按钮，在打开的如图 5.126 所示的"排序选项"对话框中进行设置，然后单击"确定"按钮。

图 5.125 "排序"对话框

图 5.126 "排序选项"对话框

5.3.2 数据筛选

Excel 2010 主要提供对数据的自动筛选和高级筛选两种方式，从而显示满足筛选条件的数据。

1. 自动筛选

自动筛选器提供了简单访问数据的功能，它是在标题行建立一个自动筛选器，通过对自动筛选器的设置从而对数据实现不同条件的筛选，筛选掉那些不想看到或不想打印的数据。

自动筛选的实现方法是：将鼠标放在数据区域的任一单元格中，然后单击"数据"选项卡→"排序与筛选"组→"▽"按钮，则自动在数据区域的标题栏右下角出现"▫"按钮，单击相应字段右下角的"▫"按钮，则弹出如图 5.127 所示的下拉菜单，用户根据自己的需要设置相应的筛选条件即可。

如果需要去掉自动筛选，显示原始数据，则单击"🔽"按钮，自动删除所有的筛选条件。

2. 高级筛选

自动筛选的结果是在原始数据的位置显示，因此用户看不到不满足条件的数据行。而高级筛选则可以保留原始数据，而在其他的位置显示数据的筛选结果。

高级筛选的实现方法主要分成两步：首先在数据区域下方设置相应的筛选条件，然后将鼠标放在数据区域的任一单元格中，单击"数据"选项卡→"排序与筛选"组→"🖋"按钮，在打开的如图 5.128 所示的"高级筛选"对话框中进行筛选"方式"、"列表区域"、"条件区域"和"复制到"属性的修改。如果不希望显示重复的记录，则选择"选择不重复的记录"复选框。

图 5.127　自动筛选下拉菜单　　　图 5.128　"高级筛选"对话框

5.3.3　分类汇总

分类汇总是对工作表数据快速汇总的方法，在分类汇总前，必须先按照分类字段进行排序，让同类内容有效组织在一起。

分类汇总的实现方法主要分成两步：首先，选中数据区域中任一单元格，然后单击"数据"选项卡→"排序与筛选"组→"🔡"按钮，对工作表数据按照分类字段进行排序。其次，选中数据区域中任一单元格，单击"数据"选项卡→"分级显示"组→"🔳"按钮，在打开的如图 5.129 所示的"分类汇总"对话框中，进行"分类字段""汇总方式""选定汇总项"的设置，然后单击"确定"按钮，即可完成数据的分类汇总。

图 5.129　"分类汇总"对话框

替换当前分类汇总：如果之前已分类汇总，选择它则用当前分类汇总替换之前的分类汇总，否则会保存原有分类汇总。每次汇总的结果均显示在工作表中，这样就实现了多级分类汇总。

每组数据分页：将每一类数据单独占一页。

汇总结果显示在数据下方：结果显示在相应的原始数据下方，否则将汇总结果显示在数据上方。

全部删除：清除原始数据中的所有分类汇总，恢复成数据的原始状态。

在分类结果左边有一些特殊的按钮，如 ⊡、⊡、⊡、⊞、⊟。单击符号⊡，能隐藏所有明细数据，只显示对数据的总汇总值。单击符号⊡，能隐藏所有原始数据，只显示各类数据的汇总值。单击符号⊡，能在显示汇总结果的同时显示所有明细数据。单击⊞按钮和⊟按钮，则可以显示或隐藏各级别的明细数据。

5.3.4 合并计算

合并计算可以方便又快捷地把一个或多个格式相同的表格数据按照相应的方式汇总进行合并并进行相应的计算。

合并计算的实现方法是：首先将鼠标放在需要显示合并计算结果的单元格中，然后单击"数据"选项卡→"数据工具"组→"⊞"按钮，在打开的如图5.130所示的"合并计算"对话框中，进行"函数""引用位置""标签位置"等参数的设置，最后单击"确定"按钮即可实现数据的合并计算。

图5.130 "合并计算"对话框

任务实施

任务要求

打开"学生成绩管理.xlsx"文件，并按要求完成以下操作：

（1）使用Sheet1工作表中的数据，对学生的信息按照姓名升序排序。

（2）使用Sheet2工作表中的数据，利用自动筛选功能，筛选出所有成绩均合格的学生信息。

（3）使用Sheet3工作表中的数据，利用高级筛选功能，筛选出计算机（一）班所有成绩大于等于60分的学生信息。

（4）使用Sheet4工作表中的数据，以"班级"为分类字段，将各科成绩进行"求平均值"的分类汇总。

（5）使用Sheet5工作表中的数据，统计各班的各科最高成绩。

实施思路

1．数据排序

选中数据区域中任一单元格，然后单击"数据"选项卡→"排序与筛选"组→"⊞"按钮，在打开的如图5.131所示的"排序"对话框中，选择"姓名"字段，结果如图5.132所示。

图 5.131　"排序"对话框

图 5.132　排序结果

2．数据筛选

（1）自动筛选。选中数据区域中任一单元格，然后单击"数据"选项卡→"排序与筛选"组→""按钮，分别单击"英语""语文""计算机应用技术""思想道德与法律"右下角的"□"按钮，在打开的如图 5.133 所示的下拉菜单中选择"数字筛选"下的"大于或等于"命令，在打开的如图 5.134 所示的"自定义自动筛选方式"对话框中进行筛选条件的设置，单击"确定"按钮，即可得到如图 5.135 所示的自动筛选结果。

图 5.133　自动筛选下拉菜单

图 5.134　"自定义自动筛选方式"对话框

图 5.135　自动筛选结果

（2）高级筛选。

第一步：在 Sheet3 工作表的第 14 行、第 15 行设置好筛选条件，如图 5.136 所示。

第二步：将鼠标放在数据区域的任一单元格中，然后单击"数据"选项卡→"排序与筛选"组→"🖌"按钮，在打开的"高级筛选"对话框中进行筛选"方式"、"列表区域"、"条件区域"和"复制到"属性的修改，如图 5.137 所示。高级筛选结果如图 5.138 所示。

图 5.136　高级筛选的条件

图 5.137　"高级筛选"对话框

图 5.138　高级筛选结果

3. 分类汇总

第一步：选中数据区域中任一单元格，然后单击“数据”选项卡→“排序与筛选”组→“ ”按钮，在打开的“排序”对话框中选择“班级”作为主要关键字，单击“确定”按钮，即可得到如图 5.139 所示的按照班级进行排序的结果。

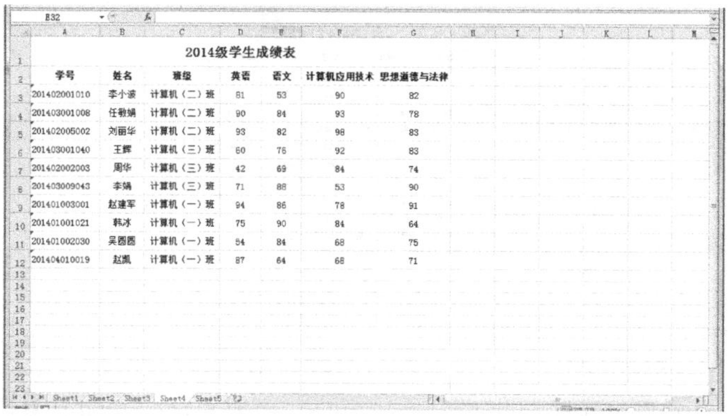

2014级学生成绩表						
学号	姓名	班级	英语	语文	计算机应用技术	思想道德与法律
201402001010	李小波	计算机（二）班	81	53	90	82
201403001008	任敏娟	计算机（二）班	90	84	93	78
201402005002	刘丽华	计算机（二）班	93	82	98	83
201403001040	王辉	计算机（三）班	60	76	92	83
201402002003	周华	计算机（三）班	42	69	84	74
201403009043	李娟	计算机（三）班	71	88	53	90
201401003001	赵建军	计算机（一）班	94	86	78	91
201401001021	韩冰	计算机（一）班	75	90	84	64
201401002030	吴圆圆	计算机（一）班	54	84	68	75
201404010019	赵凯	计算机（一）班	87	64	68	71

图 5.139 排序结果

第二步：选中数据区域中任一单元格，然后单击“数据”选项卡→“分级显示”组→“ ”按钮，在打开的“分类汇总”对话框中进行“分类字段”“汇总方式”“选定汇总项”的设置，如图 5.140 所示，最后单击“确定”按钮，即可得到如图 5.141 所示的分类汇总结果。

图 5.140 “分类汇总”对话框

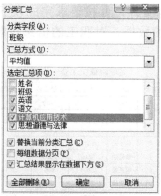

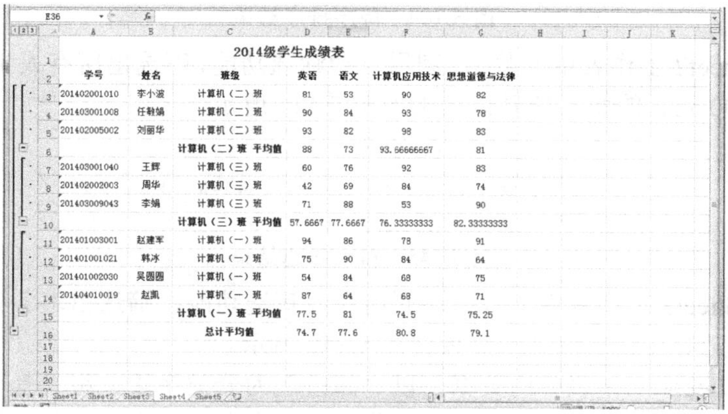

2014级学生成绩表						
学号	姓名	班级	英语	语文	计算机应用技术	思想道德与法律
201402001010	李小波	计算机（二）班	81	53	90	82
201403001008	任敏娟	计算机（二）班	90	84	93	78
201402005002	刘丽华	计算机（二）班	93	82	98	83
		计算机（二）班 平均值	88	73	93.66666667	81
201403001040	王辉	计算机（三）班	60	76	92	83
201402002003	周华	计算机（三）班	42	69	84	74
201403009043	李娟	计算机（三）班	71	88	53	90
		计算机（三）班 平均值	57.6667	77.6667	76.33333333	82.33333333
201401003001	赵建军	计算机（一）班	94	86	78	91
201401001021	韩冰	计算机（一）班	75	90	84	64
201401002030	吴圆圆	计算机（一）班	54	84	68	75
201404010019	赵凯	计算机（一）班	87	64	68	71
		计算机（一）班 平均值	77.5	81	74.5	75.25
		总计平均值	74.7	77.6	80.8	79.1

图 5.141 分类汇总结果

4．合并计算

将光标定位在 I3 单元格中，然后单击"数据"选项卡→"数据工具"组→"▣▶"按钮，在打开的"合并计算"对话框中进行"函数""引用位置""标签位置"的设置，如图 5.142 所示，最后单击"确定"按钮，即可得到如图 5.143 所示的合并计算结果。

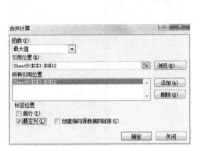

图 5.142 "合并计算"对话框

图 5.143 合并计算结果

拓展训练——管理职工工资表

打开"职工工资管理.xlsx"文件，并按要求完成以下操作：

（1）使用 Sheet1 工作表中的数据，对职工的信息按照实发工资降序排序，结果如图 5.144 所示。

某学院职工工资一览表							
职工号	姓名	性别	部门	基本工资	工龄工资	岗位津贴	扣款	实发工资
01096001	张君	男	教务处	5120	1900	780	850	6950
02097010	刘灿	男	人事处	4700	1800	650	730	6420
03001007	张丽	女	教务处	4600	1400	780	810	5970
01002007	吴梅	女	科技处	4300	1300	650	710	5540
02002012	周美华	女	教务处	2800	1300	340	480	3960
01006021	张婷婷	女	教务处	3100	900	340	510	3830
03009010	李玉娟	女	学生处	2725	600	340	520	3145
03009015	高进	男	人事处	2450	600	240	360	2930
04010011	赵立翔	男	学生处	2180	500	340	495	2525

图 5.144 降序排序结果

（2）使用 Sheet2 工作表中的数据，利用自动筛选功能，筛选出所有人事处工资在 5000 元以上（含 5000 元）的职工信息，结果如图 5.145 所示。

某学院职工工资一览表							
职工号	姓名	性别	部门	基本工资	工龄工资	岗位津贴	扣款	实发工资
02097010	刘灿	男	人事处	4700	1800	650	730	6420

图 5.145 自动筛选结果

（3）使用 Sheet3 工作表中的数据，利用高级筛选功能，筛选出教务处所有实发工资大于等于 3000 元的女职工信息，结果如图 5.146 所示。

（4）使用 Sheet4 工作表中的数据，以"部门"为分类字段，将"基本工资"、"绩效工资"、"扣款"及"实发工资"进行"求最大值"的分类汇总，结果如图 5.147 所示。

职工号	姓名	性别	部门	基本工资	工龄工资	岗位津贴	扣款	实发工资
01006021	张婷婷	女	教务处	3100	900	340	510	3830
01002007	吴梅	女	科技处	4300	1300	650	710	5540
02002012	周美华	女	教务处	2800	1300	340	480	3960
03001007	张丽	女	教务处	4600	1400	780	810	5970
03009010	李玉娟	女	学生处	2725	600	340	520	3145

图 5.146　高级筛选结果

某学院职工工资一览表								
职工号	姓名	性别	部门	基本工资	工龄工资	岗位津贴	扣款	实发工资
			教务处 最大值	5120	1900	780	850	6950
			科技处 最大值	4300	1300	650	710	5540
			人事处 最大值	4700	1800	650	730	6420
			学生处 最大值	2725	600	340	520	3145
			总计最大值	5120	1900	780	850	6950

图 5.147　分类汇总结果

（5）使用 Sheet5 工作表中的数据，对职工的各项工资进行求平均值的合并计算，结果如图 5.148 所示。

部门	基本工资	工龄工资	岗位津贴	扣款	实发工资
教务处	3905	1375	560	662.5	5177.5
人事处	3575	1200	445	545	4675
科技处	4300	1300	650	710	5540
学生处	2452.5	550	340	507.5	2835

图 5.148　合并计算结果

任务 4　学生成绩分析

学生成绩分析

任务描述

为了更好地掌握全班同学学生成绩的信息，要求制作图表或数据透视表对学生成绩的信息进行统计，如图 5.149 所示。

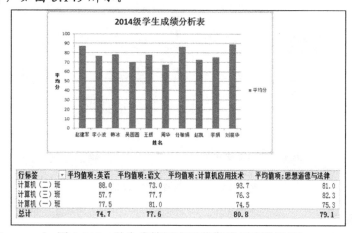

图 5.149　学生成绩图表及数据透视表效果图

任务分析

学生成绩表的分析主要包括 Excel 中图表及数据透视表等操作。

知识准备

5.4.1 图表

数据图表就是将单元格中的数据以各种统计图表的形式显示，使数据更直观。当工作表中的数据发生变化时，图表中对应项的数据也自动变化。

1. 创建图表

在 Excel 2010 中，工作表主要分成两种：一种是嵌入式图表；一种是图表工作表。嵌入式图表是指放在当前工作表中的图表，而图表工作表则是指放在具有特定名称的独立工作表中的图表。

创建图表的方法主要有两种：一种是"一步法"；另一种是"向导法"。

（1）一步法。Excel 2010 默认的图表类型是柱形图，一步法是首先选择需要创建图表的数据，然后按 F11 键，即可以得到相应的图表工作表。

（2）向导法。一步法只能创建柱形图，如果要创建其他类型的图表，则可使用如图 5.150 所示的"图表"组创建相应的图表类型。

图 5.150　"图表"组

如果图 5.150 所示的图表工具栏中没有需要的图表类型，则单击"图表"组中的"其他图表"按钮，在其弹出的下拉菜单中选择"所有图表类型"命令，则打开如图 5.151 所示的"插入图表"对话框。

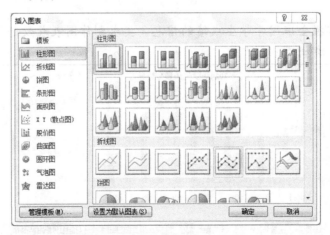

图 5.151　"插入图表"对话框

2. 编辑图表

利用"一步法"或"向导法"制作的图表，所有对象都是以默认的形式显示的，用户可以对其进行编辑、修改，进一步完善、美化图表的效果。

（1）调整图表。在 Excel 2010 中，可以对嵌入在工作表中的图表的位置进行移动或改变图表的大小。选择需要调整的图表，然后拖动图表到目标位置即可完成图表的移动，或者拖动图表四周出现的 8 个控制块即可实现图表大小的调整。

（2）编辑图表。在 Excel 2010 中，编辑图表主要有两种方法：一是利用如图 5.152 所示的"图表工具"选项卡中的工具按钮进行修改；二是在需要编辑的图表上单击鼠标右键，在弹出的如图 5.153 所示的快捷菜单中执行相应命令完成图表的修改。

图 5.152 "图表"工具栏

（3）格式化图表。为了使图表的效果更加美观，可以对图表进行格式化，所谓格式化图表是指对图表对象的字体、字号、图案、颜色、数字样式等格式进行设置。

格式化图表可以利用如图 5.152 所示的"图表工具"下的"格式"选项卡中的工具按钮进行修改，或者在如图 5.153 所示的快捷菜单中选择"设置图表区域格式"命令，在打开的如图 5.154 所示的"设置图表区格式"对话框中设置相应的效果，从而完成图表的格式化。

图 5.153 "图表"快捷菜单

图 5.154 "设置图表区格式"对话框

5.4.2 数据透视图与数据透视表

1. 创建数据透视图与数据透视表

数据透视表是用于对大量数据进行快速汇总并且建立交叉列表的交互式表格。建立数据透视表以后，可以根据需要建立相应的数据透视图，数据透视图主要是对数据提供图形化分析的交互式图表。

创建数据透视表的实现方法主要分成两步：首先将光标定位在工作表数据中任一单

元格中，然后单击"插入"选项卡→"表格"组→"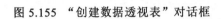"按钮，在打开的如图 5.155 所示的"创建数据透视表"对话框中完成"请选择要分析的数据"及"选择放置数据透视表的位置"的设置，最后单击"确定"按钮，从而在编辑窗口的右边打开"数据透视表字段列表"面板，并且会根据设置自动新建一个空白的数据透视表。

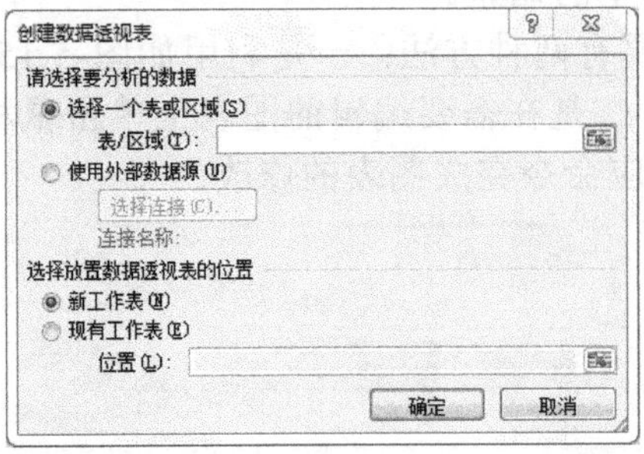

2．编辑数据透视图与数据透视表

在 Excel 2010 中，可以对创建的数据透视表进行编辑，如转换行或列从而查看对源数据的不同汇总，也可以通过显示不同的页面来筛选数据，还可以根据需要显示明细数据。

编辑数据透视表的方法是：在打开的如图 5.156 所示的"数据透视表字段列表"面板中完成"行标签"、"列标签"及"数值"的添加，并且在相应布局设置区域双击相应的字段则打开如图 5.157 所示的"字段设置"对话框，用户根据需要设置"分类汇总和筛选""布局和打印"等内容。

图 5.155 "创建数据透视表"对话框

图 5.156 "数据透视表字段列表"面板

图 5.157 "字段设置"对话框

任务实施

任务要求

（1）利用"学生成绩表.xlsx"的"姓名"和"平均分"两列数据，创建簇状柱形图，并根据效果图完成图表的设置。

（2）利用"学生成绩表.xlsx"的数据，创建数据透视表，统计每个班每门课程的平均成绩。

实施思路

1. 图表

（1）插入图表：打开"学生成绩表.xlsx"，按住"Ctrl"键，选择不连续的 B 列和 H 列的内容，如图 5.158 所示。然后单击"插入"选项卡→"图表"组→" "按钮，在打开的如图 5.159 所示的"柱形图"下拉菜单中选择"二维柱形图"下的" "按钮，自动出现效果如图 5.160 所示的簇状柱形图。

学号	姓名	班级	英语	语文	计算机应用技术	思想道德与法律	平均分
201401003001	赵建军	计算机（一）班	94	86	78	91	87
201402001010	李小波	计算机（二）班	81	53	90	82	77
201401001021	韩冰	计算机（一）班	75	90	84	64	78
201401002030	吴圆圆	计算机（一）班	54	84	68	75	70
201403001040	王辉	计算机（三）班	60	76	92	83	78
201402002003	周华	计算机（三）班	42	69	84	74	67
201403001008	任骏娟	计算机（二）班	90	84	93	78	86
201404010019	赵凯	计算机（一）班	87	64	68	71	73
201403009043	李娟	计算机（三）班	71	88	53	90	76
201402005002	刘丽华	计算机（二）班	93	82	98	83	89

图 5.158　选择数据

图 5.159　"柱形图"下拉菜单

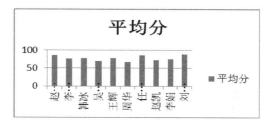

图 5.160　簇状柱形图

（2）格式化图表：选中标题"平均分"，然后在内部单击鼠标左键，将图表标题修改为"2014 级学生成绩分析表"。单击"图表"工具中的"布局"选项卡→"标签"组→" "按钮，在打开的下拉菜单中选择"主要横坐标轴标题"下的"坐标轴下方标题"命令，如图 5.161 所示，然后在图表下方输入图表的横坐标轴标题"姓名"，使用同样的方法选择"主要纵坐标轴标题"下的"竖排标题"命令，如图 5.162 所示，然后在图表左边输入图表的纵坐标轴标题"平均分"，效果如图 5.163 所示。

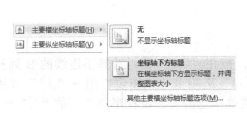

图 5.161　主要横坐标轴标题

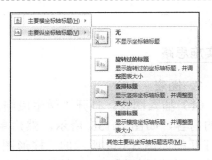

图 5.162　主要纵坐标轴标题

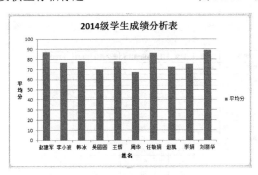

图 5.163　图表效果图

2．数据透视图与数据透视表

（1）插入数据透视表：将光标定位在工作表数据中任一单元格中，然后单击"插入"选项卡→"表格"组→""按钮，在打开的"创建数据透视表"对话框中完成"请选择要分析的数据"及"选择放置数据透视表的位置"的设置，如图 5.164 所示。在打开的"数据透视表字段列表"面板中完成"行标签"、"列标签"及"数值"的添加，如图5.165 所示。

图 5.164　"创建数据透视表"对话框

图 5.165　"数据透视表字段列表"面板

（2）格式化数据透视表：分别单击"数值"区间的"求和项：英语""求和项：语文""求和项：计算机应用技术""求和项：思想道德与法律"，在打开的如图 5.166 所示的下拉菜单中选择"值字段设置"命令，在打开的如图 5.167 的"值字段设置"对话框中将"值汇总方式"设置为"平均值"，单击"数字格式"按钮，打开"设置单元格格式"对话框，将数字的"分类"设置为"数值"，并将"小数位数"设置为"1"，如图 5.168 所示，然后单击"确定"按钮。数据透视表效果图如图 5.169 所示。

图 5.166 "值字段设置"

图 5.167 "值字段设置"对话框

图 5.168 "设置单元格格式"对话框

图 5.169 数据透视表效果图

拓展训练——职工情况分析

（1）利用职工表的数据，创建三维饼图，并根据效果图完成三维图表的设置，效果如图5.170所示。

图5.170　职工情况分析图表效果图

（2）利用职工表的数据，创建数据透视表，统计每个部门的平均工资，效果如图5.171所示。

行标签 ▼	平均值项：实发工资
教务处	5177.5
科技处	5540
人事处	4675
学生处	2835
总计	4585.555556

图5.171　职工情况分析数据透视表效果图

项目考核

打开"Excel项目考核.xlsx"文件，按照要求完成下列操作并保存在自己的文件夹下。

1. 将Sheet1工作表命名为"2010年度销售情况表"。

2. 在标题下方插入一行，并将行高设置为6。

3. 将"郑州"一行移至"商丘"一行的上方，并删除第G列。

4. 将单元格区域B2：H2合并及居中，设置字体华文行楷，字号17磅，文字颜色为靛蓝色。

5. 将单元格区域B4：H4的对齐方式设置为水平居中。

6. 将单元格区域B4：B10的对齐方式设置为水平居中。

7. 将单元格区域B2：H2的底纹设置为淡蓝色。

8. 将单元格区域B4：H4的底纹设置为浅黄色。

9. 将单元格区域B4：H10的上边线设置为靛蓝色的粗实线，其他各边线设置为细实线，内部边框线设置为虚线。

10. 为"0"（C7）单元格插入批注"该季度没有进入市场"。

11. 将4个季度中所有低于200万元的数据用红色显示。

12. 利用公式或函数计算每个地区的总销售额及平均销售额。

13. 将所有数值前添加人民币符号"￥"。

14. 设置上、下页边距为 2 厘米，左、右页边距为 2.5 厘米。

15. 在第 11 行上方插入分页线，并设置表格的标题为打印标题。

16. 利用销售情况表中各个城市 4 个季度的销售数据，创建簇状柱形图，并根据效果图完成图表的设置。

17. 使用 Sheet2 工作表中的数据，以"总数"为主要关键字，降序排序。

18. 使用 Sheet3 工作表中的数据，利用自动筛选功能，筛选出所有"合格产品"大于或等于 5500 的记录，"不合格产品"小于或等于 200 的记录。

19. 使用 Sheet4 工作表中的数据，利用高级筛选功能，筛选出所有"合格产品"大于或等于 5500 的记录及"不合格产品"小于或等于 200 的记录。

20. 使用 Sheet5 工作表中的数据，以"产品型号"为分类字段，将"不合格产品"、"合格产品"及"总数"分别进行"求和"的分类汇总。

21. 使用 Sheet6 工作表中"上半年各车间产品合格情况表"和"下半年各车间产品合格情况表"的数据，在"全年各车间产品合格情况统计表"中进行"求和"合并计算。

22. 使用 Sheet7 工作表中的数据，以"产品规格"为分页，以"季度"为行字段，以"车间"为列字段，以"不合格产品"、"合格产品"和"总数"为求和项，从 Sheet8 工作表的 A1 单元格起建立数据透视表。

项目六

演示文档制作与展示 PowerPoint 2010

项目介绍

演示文稿制作软件已广泛应用于会议报告、课程教学、广告宣传、产品演示等方面，成为人们在各种场合下进行信息交流的重要工具。常用的演示文稿制作软件有 Microsoft Office 办公集成软件中的 PowerPoint，WPS Office 金山办公组合软件中的金山演示制作子系统等。

任务安排

任务 1　制作个人简历
任务 2　制作宣传片

学习目标

❖ 会创建 PowerPoint 演示文稿
❖ 会设置幻灯片的主题
❖ 会插入图片与设置图片属性
❖ 会在幻灯片中插入多媒体元素
❖ 会添加对象的动画效果
❖ 会添加并使用超链接功能
❖ 会设置幻灯片切换效果
❖ 会设置幻灯片的放映方式
❖ 会保存与发布演示文档

任务 1 制作个人简历

制作个人简历

任务描述

本任务通过 Microsoft Office PowerPoint 2010 制作个人简历演示文稿，来学习演示文稿的新建与保存、演示文稿的编辑、文本输入、对象输入等操作，同时让学生认识到使用 PowerPoint 软件也能设计出非常精美的作品。

制作好的个人简历如图 6.1 所示。

图 6.1 制作好的个人简历

任务分析

制作这个演示文稿例子的目的，是用最快的方法带领大家进入 Microsoft Office PowerPoint 2010 的设计天地。对于一位已经熟练使用 Windows 应用程序的用户来说，不存在任何的难点，但对于一位刚刚接触图形化应用程序的用户，则应该在这个例子当中学会使用图形化应用的基本操作方法，如如何启动 PowerPoint，如何操作菜单、工具栏、快捷方式，如何新建、保存文件等。它涉及了一些 Windows 应用程序通用的技巧，以及 PowerPoint 的基本操作，如如何利用 PowerPoint 的工具对演示文稿进行修饰美化以提高可观赏性，如何插入一张新幻灯片，如何复制幻灯片，如何在幻灯片中编辑、格式化文本等。

知识准备

6.1.1 PowerPoint 2010 简介

1. PowerPoint 2010 的启动

启动 PowerPoint 2010 的方法同启动 Office 的其他组件一样，可以通过以下方法来实现：

（1）执行"开始"→"所有程序"→Microsoft Office→Microsoft PowerPoint 2010 命令，即可启动 PowerPoint 2010 并创建一个演示文稿。

（2）若桌面上有 PowerPoint 2010 的快捷图标，双击该图标也可以启动。

2. PowerPoint 2010 的退出

如果要退出 PowerPoint 2010，可以用下列方法之一来实现：

（1）单击 PowerPoint 2010 主窗口右上角的"关闭"按钮，即可退出 PowerPoint 2010。

（2）执行"文件"→"退出"命令。

（3）执行"文件"→"关闭"命令。

（4）按"Alt+F4"组合键退出。

3. PowerPoint 2010 的窗口组成

PowerPoint 2010 的窗口由标题栏、快速访问工具栏、功能选项卡标签、功能区、幻灯片/大纲窗格、幻灯片编辑区、备注窗格和状态栏等几部分组成，如图 6.2 所示。

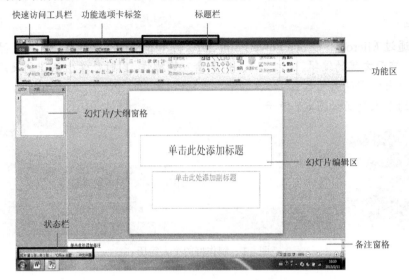

图 6.2　PowerPoint 2010 的窗口

（1）快速访问工具栏：位于窗口顶部的左侧，用于放置一些常用工具，默认包括保存、撤销和恢复三个工具按钮。单击快速访问工具栏右侧的"自定义快速工具栏"按钮，在弹出的快速菜单中可根据需要将常用的工具按钮添加到快速访问工具栏中。

（2）标题栏：显示当前正在编辑的演示文稿的名称。

（3）功能选项卡标签：用于切换功能区，单击功能选项卡的标签名称，就可以完成切换。

（4）功能区：放置编辑文档时所需的功能按钮，系统将功能区的按钮功能划分成为一个一个的组，称为工具组。在某些功能组右下角有"对话框启动器"按钮，单击该按钮可以打开相应的对话框，打开的对话框中包含了该工具组中的相关设置选项。

（5）幻灯片/大纲窗格：单击不同的选项卡标签，即可在对应的窗格间进行切换。在"幻灯片"选项卡中列出了当前演示文稿中所有幻灯片缩略图；在"大纲"选项卡中以大纲形式列出了当前演示文稿中各张幻灯片的文本内容。

（6）幻灯片编辑区：是编辑幻灯片内容的场所，是演示文稿的核心。在该区域中可对幻灯片内容进行编辑、查看和添加对象等操作。

（7）备注窗格：每个幻灯片对应一个备注页。备注页上方为一个幻灯片缩像，下方为演示文稿报告人对该幻灯片所加的说明。

（8）状态栏：位于窗口底部的左侧，显示当前系统的运行状态信息，即正在操作的幻灯片序号、总幻灯片数和演示文稿类型。

4. PowerPoint 2010 的视图方式

视图是在 PowerPoint 2010 中加工演示文稿的工作环境。每种视图都按自己特有的方式显示和加工演示文稿，每种视图都将用户的处理焦点集中在演示文稿的某个要素上。在一种视图中对演示文稿所做的修改，会自动反映在该演示文稿的其他视图中。

PowerPoint 2010 根据建立、编辑、浏览、放映幻灯片的需要，提供了 4 种视图方式，即普通视图、幻灯片浏览视图、阅读视图和幻灯片放映视图，如图 6.3 所示。

（1）普通视图。普通视图是主要的编辑视图，可用于撰写或设计演示文稿。如图 6.2 所示的就是普通视图，它是系统默认视图，只能显示一张幻灯片。普通视图窗口不仅集成了"幻灯片/大纲窗格"，还集成了"备注窗格"。

图 6.3 视图切换按钮

（2）幻灯片浏览视图。在幻灯片浏览视图下，可以同时显示多张幻灯片，方便对幻灯片进行移动、复制、删除等操作。

（3）阅读视图。如果希望在一个方便审阅的窗口中查看演示文稿，而不想使用全屏的幻灯片放映视图，则可以切换至阅读视图。如果要更改演示文稿，可以随时从阅读视图切换至某个其他视图。

（4）幻灯片放映视图。在幻灯片放映视图下，幻灯片按顺序全屏幕放映，可以观看动画和超链接效果等。按"Enter"键或单击鼠标左键将显示下一张幻灯片，按"Esc"键或放映完所有幻灯片后将恢复原样。单击鼠标右键或幻灯片左下角的按钮 ▭ ，还可以打开快捷键菜单进行操作。

6.1.2 创建与保存演示文稿

1．创建演示文稿

利用 PowerPoint 创建演示文稿常用的方法有"模板"、"根据现有内容新建"和"空白演示文稿"。

在 PowerPoint 工作环境中单击"文件"选项卡，在菜单中选择"新建"命令，如图 6.4 所示。

图 6.4 新建演示文稿

（1）模板。模板包括各种主题和版式。可以利用 PowerPoint 提供的内置模板自动、快速地形成每张幻灯片的外观，以节省格式设计的时间，专注于具体内容的处理。除了内置模板外，还可以联机在 Office.com 模板上搜索和下载更多的 PowerPoint 模板以满足要求。

（2）根据现有内容新建。如果对所有的设计模板都不满意，而喜欢某一个现有演示文稿的设计风格和布局，可以直接在上面修改内容来创建新演示文稿。

（3）空白演示文稿。空白演示文稿是一种形式最简单的演示文稿，用户如果希望建立具有自己风格和特色的幻灯片，可以从空白演示文稿开始设计。

一个完整的演示文稿往往由多张幻灯片组成，其默认扩展名为"pptx"。在 PowerPoint 2010 中，预设了标题幻灯片、标题和内容、节标题、两栏内容等 11 种幻灯片版式以供选择。要修改幻灯片的版式时，可以选定幻灯片，单击"开始"选项卡中的"幻灯片"组中的"版式"下拉按钮，在幻灯片版式库中重新选择即可。

2．保存演示文稿

与 Word 2010 文档一样，在 PowerPoint 2010 中建立演示文稿时，它临时存放在计算机内存中，当退出 PowerPoint 2010 或关机之后，若不存盘就会全部丢失，所以必须将演示文稿保存在磁盘上。

（1）保存未存盘的演示文稿。对于未保存过的演示文稿，要给它取一个名字，并指定存放的位置。

（2）保存已存过盘的演示文稿。对已存盘的演示文稿，向其中添加新的内容或做某些修改后，还需要对它进行保存，否则添加的新内容或所做的修改就会丢失。

（3）设置自动存盘。为了防止突然断电或死机，在创建演示文稿时可以利用 PowerPoint 2010 的自动存盘功能来自动保存演示文稿。

6.1.3　编辑演示文稿

在制作演示文稿的过程中，如果需要添加、删除、复制和移动幻灯片，最佳的视图方式是大纲视图或幻灯片浏览视图。

1．添加幻灯片

在启动 PowerPoint 2010 后，PowerPoint 会自动建立一张新的幻灯片，随着制作过程的推进，需要在演示文稿中添加更多的幻灯片。添加新的幻灯片主要有以下几种方法：

（1）打开"开始"选项卡→"幻灯片"组→"新建幻灯片"按钮。

（2）在普通视图中的"幻灯片"选项卡中，右击任意一张幻灯片，从打开的快捷菜单中选择"新建幻灯片"命令。

（3）在普通视图中的"幻灯片"选项卡中，任意选择一张幻灯片后，按"Enter"键，可在该幻灯片之后插入一张与选中幻灯片版式相同的空白幻灯片。

2．删除幻灯片

在普通视图的幻灯片视图窗格或幻灯片浏览视图中，直接选择要删除的幻灯片，右击鼠标执行"删除幻灯片"命令，或者选择幻灯片后直接按键盘上的"Delete"键，均可实现删除操作。

3．复制幻灯片

与 Word 2010 一样，可以在"开始"选项卡→"剪贴板"组中，利用"复制"和"粘贴"按钮进行复制操作；也可以选择某一张幻灯片，在右击弹出的快捷菜单中执行"复制幻灯片"操作。

4．移动幻灯片

在大纲视图或幻灯片视图中可以很方便地移动幻灯片的位置。在选定某一幻灯片后，直接用鼠标拖动到目标位置即可完成移动操作。

6.1.4　文本的输入与编辑

文本是幻灯片中最基本的部分，对文本的编辑是幻灯片设计的主要内容。

1．通过占位符添加文本

在幻灯片中输入文本的一种方法是在占位符中添加文本信息。占位符是指当用户新建幻灯片时出现在幻灯片中的虚线框，这些虚线框占据着相应文本、图像、剪贴画等各种对象的位置。在占位符中单击后，占位符内以样本形式呈现的文字说明消失，同时会出现一个闪烁的插入光标，提示用户可以输入文字。完成文本输入后，可单击幻灯片的空白区域取消占位符的选中状态，用来定义占位符的虚线框消失，用户可以看到完成文本输入后的幻灯片实际效果。

2．利用文本框添加文本

在幻灯片中，除了使用占位符添加文本以外，还可以利用文本框输入文本，特别是对空白版式的幻灯片，必须通过文本框才能加入文本。文本框有两种，水平文本框和垂直文本框。

6.1.5　各种对象的插入与编辑

一个成功的 PowerPoint 2010 演示文稿不应只包含单调的文本内容，还可在幻灯片中插入剪贴画、图片、表格、SmarArt 图形、音频、视频和超链接等对象，以更好地吸引观众的注意力。在幻灯片中添加对象的方法有两种：建立幻灯片时，通过选择幻灯片版式添加对象提供占位符，再输入需要的对象；或者通过"插入"选项卡中的相应按钮来实现。

1．插入视频和音频

在幻灯片中插入视频和音频，可以通过单击"插入"选项卡中的"媒体"组中的相应按钮来实现。视频包括文件中的视频、来自网站的视频和剪贴画视频；音频包括文件中的音频、剪贴画音频和录制音频。

2．插入超链接

用户可以在幻灯片中插入超链接，利用它能跳转到同一文档的某张幻灯片上，或者跳转到其他的演示文稿、Word 文档、网页或电子邮件地址等。超链接只能在幻灯片放映视图下起作用。

超链接有两种形式。

（1）以下画线表示的超链接：通过单击"插入"选项卡→"链接"组→"超链接"按钮来实现。

（2）以动作按钮表示的超链接：通过单击"插入"选项卡→"插图"组→"形状"下拉按钮，在下拉菜单中的"动作按钮"区中选择各种动作按钮来实现。

任务实施

任务要求

（1）新建"个人简历"演示文稿，共 4 张幻灯片。

（2）第一张幻灯片如图 6.5 所示，插入图片（"6-1.jpg、6-2.jpg、6-3.jpg"）和文本框，输入"我的未来我做主"等相应文字，右击幻灯片→设计背景格式→纯色→（颜色©：[🎨▼] →蓝色，强调文字颜色，深色 25%）。

（3）第二张幻灯片如图 6.6 所示，第一步先在幻灯片的左边插入形状→流程图（第二行第六个形状），然后右击设置图形形状格式→填充渐变"雨后初晴"→方向"线性向下"，其他参数不变。第二步在幻灯片下部插入形状→基本图形→第一行第三个"矩形"→填充纯色"蓝色，强调文字颜色，深色 25%"。

（4）第三张幻灯片如图 6.6 所示，第一步先在幻灯片的左边插入形状→基本图形→第一行第三个"矩形"→填充纯色"蓝色，强调文字颜色，深色 25%"。第二步插入形状→基本图形→第一行第三个"矩形"。

（5）第四张幻灯片如图 6.6 所示，第一步先在幻灯片的左边插入形状→流程图（第二行第六个形状），然后右击设置图形形状格式→填充。

图 6.5　第一张幻灯片

图 6.6　第二张幻灯片

图 6.7　第三张幻灯片

图 6.8　第四张幻灯片

实施思路

准备好素材文件：视频（"Clock.avi"）、音频（"安妮的仙境.mp3"）和图片（"个人照片.jpg"）。

1．创建与保存演示文稿

（1）在 PowerPoint 2010 中单击"文件"选项卡，在菜单中选择"新建"命令，单击"空白演示文稿"，再单击"创建"按钮。

（2）在 PowerPoint 2010 中单击"文件"选项卡，在菜单中选择"保存"命令，打开"另存为"对话框，如图 6.9 所示，在"文件名"处输入"个人简历"，在"保存类型"处选择"PowerPoint 演示文稿（.pptx）"。

图 6.9　"另存为"对话框

2．文本的输入与编辑

（1）在标题幻灯片上单击标题占位符，输入文字"某某个人简历"，再单击副标题占位符，输入"姓名：张某某、专业：市场营销、毕业学校：湖南安全技术职业学院"。

（2）选中"某某个人简历"，设置为"华文细黑，48 磅"，把"姓名：张某某、专业：市场营销、毕业学校：湖南安全技术职业学院"分成三行，设置为"微软雅黑，24 磅，行间距

1.5 磅"。

3. 编辑演示文稿

（1）单击"开始"选项卡→"幻灯片"组→"新建幻灯片"下拉按钮🗐，在展开的幻灯片版式库中选择"空白"版式。

（2）以同样的方法新建第三张幻灯片，选择"标题和内容"版式。

4. 各种对象的插入与编辑

（1）选中第一张幻灯片，单击"插入"选项卡→"媒体"组→"视频"下拉按钮🎬，在下拉菜单中选择"文件中的视频"命令，在打开的"插入视频文件"对话框中找到视频文件"Clock.avi"插入幻灯片，并适当调整大小和位置。

（2）单击"插入"选项卡→"媒体"组→"音频"下拉按钮🔊，在下拉菜单中选择"文件中的音频"命令，在打开的"插入音频"对话框中找到音频文件"安妮的仙境.mp3"插入幻灯片。插入音频后，幻灯片组出现一个声音图标🔊。

（3）选中第二张幻灯片，单击"插入"选项卡→"插图"组→"形状"下拉按钮🗔，在"基本形状"区中选择"文本框"按钮，将它画在幻灯片右下角的合适位置，用同样的方法制作 6 个一样的文本框，在完成的文本框中输入相应的内容，并按垂直方式排列。

（4）单击"插入"选项卡→"图像"组→"图片"按钮，在打开的"插入图片"对话框中找到图片文件"个人照片.jpg"插入幻灯片，并适当调整其大小和位置。

（5）选中第一个文本框中的文字，单击"插入"选项卡→"链接"组→"超链接"按钮🔗，打开"插入超链接"对话框。单击对话框左侧的"本文档中的位置"按钮，在"请选择文档中的位置"列表框中选择"下一张幻灯片"，如图 6.10 所示，单击"确定"按钮。

（6）单击"插入"选项卡→"插图"组→"形状"下拉按钮，在"动作按钮"区中选择"动作按钮：前进或下一项"　▷，将它画在幻灯片右下角的合适位置，在出现的"动作设置"对话框中确认超链接到"下一张幻灯片"后，单击"确定"按钮，如图 6.11 所示。

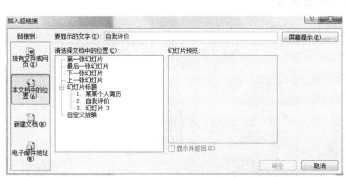

图 6.10　"插入超链接"对话框　　　　图 6.11　"动作设置"对话框

（7）当所有幻灯片制作完毕后，单击"快速访问工具栏"中的🖫按钮即可保存。

拓展训练——制作梧州六堡茶简介

样文效果如图 6.12 所示。

（1）新建"梧州六堡茶"演示文稿，共 3 张幻灯片。

（2）第一张幻灯片修改背景颜色为"蓝色 强调文字 1"，插入文本框，输入"梧州六堡茶简介"，并设置文字格式如图 ，插入图片（6-1 中国茶乡.jpg），添加图片格式为"简单边框，白色"。

（3）第二张幻灯片插入两张图片（6-2 六堡风景，6-2 六堡风景 2），同时添加图片格式"简单边框，白色"，插入文本框并输入文字。

（4）第三张幻灯片由第二张幻灯片复制而成，插入图片（6-3 六堡茶），同时添加图片格式"简单边框，白色"。插入 SmartArt 图形→类型：列表→第 1 行第 3 列→垂直项目符号列表，最后输入相应的文字。

图 6.12　梧州六堡茶简介

任务 2　制作宣传片

制作宣传片

任务描述

目前，在任何领域中，如何最有效地利用现代数码多媒体技术来进行宣传，已经成为策划战略营销中必不可少的一个重要部分。制作宣传片并不难，最重要的是"创意"。本任务主要是利用 PowerPoint 2010 制作美丽的大自然宣传片，并添加音乐、视频及动画等效果，使制作出来的宣传片不仅图文并茂，而且声色俱佳。

制作好的效果图如图 6.13 所示。

图 6.13　"美丽的大自然"效果图

任务分析

制作本任务需要导入大量的图片，也会利用自选图形绘制图形，并完成对这些图片的效果处理，包括图片的组合效果、对其进行分布、图片优化等。然后，通过自定义动画为导入的图片添加合适的动画效果，再为该幻灯片加上背景音乐。在本任务中，由于大部分的知识在上一个任务中有所涉及，所以对本任务所讲述的知识内容不会感到陌生。通过对本任务的学习，可以对如何进行图片的效果处理、如何自定义动画、如何应用幻灯片切换等内容进行更进一步的掌握和巩固，从而更深地体会动态幻灯片的制作要领。除此之外，还需要将制作好的演示文稿打包到光盘中，做到随时随地宣传，此项功能是 PowerPoint 2010 中的新增功能，在学习时需要多加注意。

知识准备

6.2.1　母版

一个演示文稿是由若干张幻灯片组成的，为了保持风格一致和布局相同，提高编辑效率，可以通过 PowerPoint 2010 提供的母版功能来设计一张母版，使之应用于所有幻灯片。母版包括可出现在每一张幻灯片上的显示元素，可以对整个演示文稿中的幻灯片进行统一调整，避免重复制作。

PowerPoint 2010 提供了三种母版类型：幻灯片母版、讲义母版和备注母版，如图 6.14 所示。它们的操作可以通过单击"视图"选项卡中的"母版视图"组中的相应按钮来进行。

图 6.14　母版类型

1．幻灯片母版

幻灯片母版是最常用的，它可以控制当前演示文稿中相同幻灯片版式上输入的标题和文本格式与类型，使它们具有相同的外观。如果要统一修改多张幻灯片的外观，没有必要一张张地修改，只需要在相应幻灯片版式的母版上进行修改即可。如果用户希望某张幻灯片与幻灯片母版效果不同，则直接修改该幻灯片即可。

2．讲义母版

讲义母版用于控制幻灯片以讲义形式打印的格式。

3．备注母版

备注母版主要提供演讲者备注使用的空间及设置备注幻灯片的格式。

6.2.2　应用设计主题

主题可以看作是一种特殊的演示文稿，其包含预先定义好的幻灯片和标题母版、颜色方案和图形元素。它是由擅长图形颜色、空间设计的艺术家设计的，因此具有独特的视觉效果。

通过应用主题，用户可以快速而轻松地设置整个文档的格式，赋予它专业和时尚的外观。下面主要介绍主题颜色的使用方法。

1. 应用主题颜色

打开要应用配色方案的演示文稿。打开"设计"选项卡→"主题"组→"颜色"按钮，从弹出的下拉列表框中选择一种主题颜色，即可将主题颜色应用于演示文稿中。另外，右击某个主题颜色，从弹出的快捷菜单中选择"应用于所选幻灯片"命令，该主题颜色只会被应用于当前选定的幻灯片。

2. 自定义主题颜色

如果对已有的颜色方案都不满意，可以在"主题颜色"下拉列表框中选择"新建主题颜色"命令，打开"新建主题颜色"对话框，可以自定义背景、文本和线条、阴影等项目的演示。

6.2.3 设置幻灯片背景

在 PowerPoint 2010 中，除了可以使用主题或主题颜色来更改幻灯片的外观，还可以通过设置幻灯片的背景来实现。用户可以根据需要任意更改幻灯片的背景颜色和背景设计，如删除幻灯片中的设计元素，添加底纹、图案、纹理或图片等。

打开"设计"选项卡→"背景"组→"背景样式"下拉按钮进行设置。

6.2.4 设计动画效果

设计动画效果包括两个部分：一是设计幻灯片中对象的动画效果，二是设计幻灯片间切换的动画效果。

1. 设计幻灯片中对象的动画效果

在为幻灯片中的对象设计动画效果时，可以分别对它们的进入、强调、退出及动作路径进行设置，单击"动画"选项卡→"动画"组→"其他"按钮，如图 6.15 所示。

图 6.15　动画效果

进入动画效果是指对象进入幻灯片时产生的效果，包括基本型、细微型、温和型及华丽型 4 种。

强调动画效果用于让对象突出显示，引人注目，一般选择一些较为华丽的效果。

退出动画效果包括百叶窗、飞出、轮子、棋盘等多种效果，可以根据需要进行设置。

动作路径用于自定义动画运动的路线及方向，也可以采用 PowerPoint 中预设的多种路径。

（1）添加动画。添加动画可以通过单击"动画"选项卡→"动画"组的动画库中的相应按钮来完成，PowerPoint 将一些常用的动画效果放置于动画库中。也可以单击该选项卡中的"高级动画"组中的"添加动画"下拉按钮，在其下拉菜单中选择操作。如果想使用更多的效果，可以选择其中的相应命令，如"更多进入效果""更多强调效果""更多退出效果""其他动作路径"。

（2）编辑动画。动画效果设置好后，还可以对动画方向、运动方式、顺序、声音、动画长度等内容进行编辑，让动画效果更加符合演示文稿的意图。有些动画可以改变方向，这通过单击"动画"选项卡→"动画"组→"效果选项"下拉按钮来完成。动画运行方式包括"单击时"、"与上一动画同时"和"上一动画之后"三种方式，这在"动画"选项卡中的"计时"组中的"开始"下拉列表框中选择。

改变动画顺序可以先选定对象，再单击"计时"组中的"向前移动"或"向后移动"按钮，此时对象左上角的动画序号会相应变化。

给动画添加声音可以先选定对象，单击"动画"选项卡→"动画"组右下角的对话框启动器，打开"动画效果"对话框，在"效果"选项卡→"声音"下拉列表框中选择合适的声音。在"效果"选项卡中，还可以将文本设置为按字母、词或段落出现。

动画运行的时间长度包括"非常快""快速""中速""慢速""非常慢" 5 种方式，这可以在"动画效果"对话框中的"计时"选项卡中设置完成。在该选项卡中，还可以设置动画运行方式和延迟。

2. 设计幻灯片间切换的动画效果

幻灯片间的切换效果是指移走屏幕上已有的幻灯片，并以某种效果开始新幻灯片的显示，如水平百叶窗、溶解、从下抽出、随机等。对幻灯片切换效果的设置，包括切换方式、切换方向、切换声音及换片方式 4 种，可以通过单击"切换"选项卡中的"切换到此幻灯片"组和"计时"组中的相应按钮来实现。其中，可以用鼠标单击进行人工切换，也可以设置时间间隔来自动切换。如果要将所选的动画效果应用于其他幻灯片，单击"计时"组中的"全部应用"按钮即可。

6.2.5 演示文稿的放映

在放映演示文稿前，一些准备工作是必不可少的，如将不需要放映的幻灯片隐藏、排练计时、设置幻灯片的放映方式等。

1. 隐藏幻灯片

隐藏幻灯片是指在放映演示文稿时不让幻灯片显示。

在普通视图的"幻灯片"标签中选定幻灯片，单击右键，在快捷菜单中选择"隐藏幻灯片"命令；或者选定幻灯片，单击"幻灯片放映"选项卡中的"设置"组中的"隐藏幻灯片"按钮。

2. 排练计时

排练计时的功能用来排练整个演示文稿的放映时间。在排练计时的过程中，演讲者可以确切掌握每一页幻灯片需要讲解的时间，以及整个演示文稿的总放映时间。整个演示文稿播放完毕后，系统会提示用户幻灯片放映总共需要的时间并询问是否保留排练时间，单击"是"按钮后，PowerPoint自动切换到幻灯片浏览视图下，并且在每个幻灯片下方显示出放映所需要的时间。幻灯片排练计时是通过单击"幻灯片放映"选项卡中的"设置"组中的"排练计时"按钮 来实现的。

3．设置放映方式

根据演示文稿的放映环境，用户可以选择不同的放映方式。单击"幻灯片放映"选项卡→"设置"组→"设置幻灯片放映"按钮，在打开的"设置放映方式"对话框中进行操作，如图6.16所示。

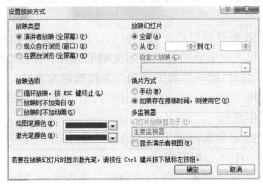

图6.16 "设置放映方式"对话框

演讲者放映（全屏幕）：以全屏幕形式显示，演讲者可以控制放映的进程，可用绘图笔勾画，适用于大屏幕投影的会议、讲课。

观众自行浏览（窗口）：幻灯片的放映将在标准窗口中进行，窗口中显示菜单栏和浏览工具栏，并提示命令在放映时移动、编辑、复制和打印幻灯片，适用于人数少的场合。

在展台浏览（全屏幕）：以全屏幕形式在展台上进行演示用，按事先预定的或通过"排练计时"按钮设置的时间和次序放映，不允许现场控制放映的进程。

要播放演示文稿有多种方式：按F5快捷键；单击"幻灯片放映"选项卡中的"开始放映幻灯片"组中的"从头开始"按钮；单击"幻灯片放映"按钮 等。其中，除了最后一种方法是从当前幻灯片开始放映外，其他方法都是从第一张幻灯片放映到最后一张幻灯片。

6.2.6　打印演示文稿

1．打印输出设置

在打印演示文稿前，可以根据自己的需要对打印页面进行设置，使打印的形式和效果更符合实际需要。

选择"设计"选项卡→"页面设置"组→"页面设置"按钮，打开"页面设置"对话框，如图6.17所示，在其中对幻灯片的大小、编号和方向进行设置。

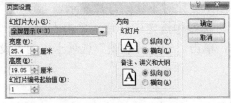

图6.17 "页面设置"对话框

2．打印幻灯片

用户在页面设置中设置好打印参数后，在实际打印之前，可以使用"打印预览"功能先预览一下打印效果。预览的效果与实际打印出来的效果非常相近，可以避免打印失误而造成不必要的浪费，可通过单击"文件"按钮，在菜单中选择"打印"命令来实现。

6.2.7　演示文稿的打包

要将演示文稿拿到另外一台计算机上运行播放，可以直接将文件复制到这台计算机中。如果这台计算机没有安装 PowerPoint 2010 或是出现各种兼容性问题，则无法播放。这时可以将演示文稿中使用的所有文件和字体全部打包到磁盘或网络地址上。

任务实施

任务要求

（1）新建一个演示文稿文件。

（2）新建幻灯片并选择幻灯片版式。

（3）应用自选主题"美丽的大自然模版.pot"。

（4）添加幻灯片内容。

（5）母版的使用，在演示文稿中其他每张幻灯片的右下角位置加入幻灯片编号，下方正中间加入页脚"美丽的大自然"，并设置为华文行楷、24 磅，浅蓝（第 1、2、10 张幻灯片除外），给第 3 张到第 9 张幻灯片设置一些专门按钮用来超链接。

（6）幻灯片动画效果设置，针对第 4 张幻灯片，设置以下动画效果：从里到外，第 1 张图片的进入效果设置成"棋盘"；第 2 张图片的进入效果设置为"缩放"，并且在第 1 张图片出现后 1s 后自动开始，而不需要单击鼠标；第 3 张幻灯片的进入效果设置成"曲线向上"；针对第 9 张幻灯片，将图片的动作路径效果设置为"自定义路径"。

（7）设置幻灯片切换效果，设置所有幻灯片之间的切换效果为"随机线条"，实现每隔 5s 自动切换，也可以单击鼠标进行手动切换。

（8）幻灯片放映，隐藏最后一张幻灯片，使得播放时直接跳过隐藏页，选择前 9 张幻灯片进行循环放映。

（9）将演示文稿打包成 CD，将 CD 命名为"我的 CD 演示文稿"，复制到 E 盘下，文件名与 CD 命名相同。

实施思路

1．新建演示文稿并选择幻灯片版式

在 PowerPoint 2010 中单击"文件"选项卡，在菜单中选择"新建"命令，单击"空白演示文稿"，再单击"创建"按钮，新建后马上以"美丽的大自然"为名进行保存，选定保存位置和保存类型。

单击"开始"选项卡→"幻灯片"组→"新建幻灯片"下拉按钮，选择相应的版式。

2．应用主题

在普通视图中，单击"设计"选项卡→"主题"组→"其他"按钮，弹出如图 6.18 所示的"所有主题"下拉选项。

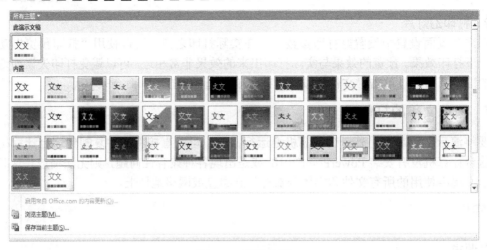

图 6.18　所有主题

单击"浏览主题"命令，打开"选择主题或主题文档"对话框，找到"美丽的大自然模版.pot"文件所保存的位置，单击"美丽的大自然模版.pot"文件，如图 6.19 所示，单击"应用"按钮。

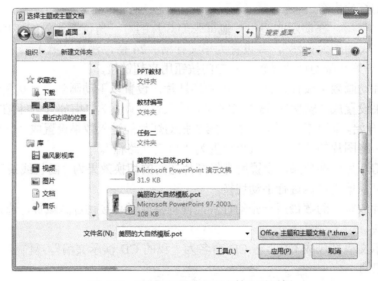

图 6.19　"选择主题或主题文档"对话框

3．添加幻灯片内容

（1）第 1 页：用艺术字书写"美丽的大自然"，方法与 Word 一样，调整好大小及摆放位置。

（2）第 2 页：加入所需要的字，并调整好颜色及存放位置。

后面的文字及艺术字的调整与前面一样，不再赘述。

注意：插入艺术字后，要调整艺术字形状和拉长艺术字，可以首先选中需调整的艺术字，然后单击"绘图工具"选项卡下的"格式"命令，最后在"艺术字样式"组中单击"文字效果"按钮来实现，如图 6.20 所示。

（3）在所需要的位置加入一些图片，图片插入的方法和 Word 一样，但是需要调整好图片的大小、位置、叠放顺序等，还可以对图片进行颜色修改及更改对比度、亮度、清晰度等，如

图 6.21 所示。

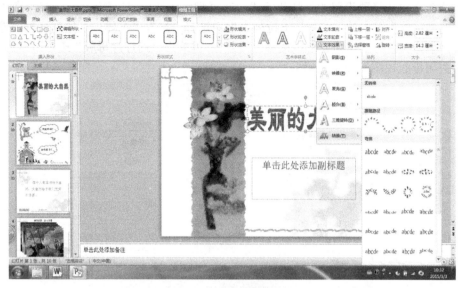

图 6.20　艺术字调整选项

图 6.21　图片设置

（4）图文并茂之后还可以加入声音：在第 1 页插入声音文件"月光曲.mp3"；在第 6 页插入声音文件"咏鹅.mp3"；在第 7 页插入声音文件"波尔卡.wav"；在第 7 页插入视频文件"Wildlife.wmv"，并调整其在幻灯片中的大小和位置。

注意：声音插入后会出现一个小喇叭图标，为了美观可以选择将此图标用其他图片覆盖或拉出到幻灯片边界外。

4．母版的使用

（1）单击"插入"选项卡→"文本"组→"页眉和页脚"按钮，打开"页眉和页脚"对话框，在"幻灯片"选项卡中选中"幻灯片编号"复选框，如图 6.22 所示，单击"全部应用"按钮。

（2）在"幻灯片"标签中同时选定第三张到第九张幻灯片，单击"插入"选项卡→"文本"组→"页眉和页脚"按钮，打开"页眉和页脚"对话框，在"幻灯片"选项卡中选中"页脚"复选框，并在"页脚"文本框中输入"美丽的大自然"，单击"全部应用"按钮。

（3）单击"视图"选项卡→"母版视图"组→"幻灯片母版"按钮，进入幻灯片母版视图，在左边窗格中选择要设置的幻灯片版式，在页脚区中选中"美丽的大自然"，在"开始"选项卡中的"字体"组中的"字号"下拉列表框中选择"24"，"字体"下拉列表框中选择"华文行楷"，"字体颜色"下拉列表框中选择"浅蓝"，再单击"幻灯片母版"选项卡中的"关闭"组中的"关闭母版视图"按钮返回。

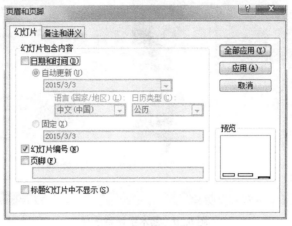

图 6.22　设置幻灯片编号

（4）用与（3）相同的方法进入"母版视图"并选择相应的幻灯片版式，在幻灯片的左下角处，单击"插入"选项卡→"插图"组→"形状"下拉列表，选择"动作按钮"选项当中的 4 个按钮进行插入，分别是第一页、前一页、后一页、最后一页，如图 6.23 所示。

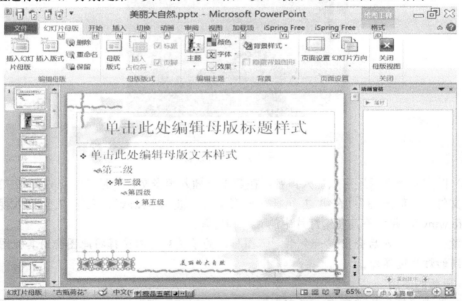

图 6.23　动作按钮设置

按"Shift"键的同时选中 4 个按钮，右击，在弹出的快捷菜单中选择"设置对象格式"命令，在弹出的"设置形状格式"对话框中调整其位置和大小、颜色等，如图 6.24 所示。

5. 设计动画效果

（1）在普通视图中的"幻灯片"标签中，单击第 4 张幻灯片，选定从里到外的第 1 张图片，单击"动画"选项卡→"动画"组中的动画样式库，选择"更多进入效果"命令，打开"更改进入效果"对话框。在"基本型"区选择"棋盘"，如图 6.25 所示，单击"确定"按钮。

（2）按顺序选择第 2 张图片，在"动画"组中的动画样式库中选择"缩放"，在"计时"组中的"开始"下拉列表框中选择"上一动画之后"，在"延迟"文本框中输入"01.00"（1s）。

（3）用与（1）相同的方法将第 3 张图片的进入效果设置成"曲线向上"。

图 6.24　"设置形状格式"对话框

图 6.25　设置进入效果"棋盘"

（4）在普通视图中的"幻灯片"标签中，单击第 9 张幻灯片，选定图片，单击"动画"选项卡，在"动画"组中的动画样式库中选择"动作路径"效果中的"自定义路径"，当鼠标成十字状时，在幻灯片中随意画出路径，双击鼠标结束该路径，则该图片就会按照事先绘制的路径进行移动。

（5）单击"切换"选项卡→"切换到此幻灯片"→"随机线条"。

（6）在"计时"组中选择"单击鼠标时"复选框，选中"设置自动换片时间"复选框，并在文本框中输入"00：05.00"，单击"全部应用"按钮。

6．设置幻灯片放映效果

（1）在普通视图中的"幻灯片"标签中，右击最后一张幻灯片，在快捷菜单中选择"隐藏幻灯片"命令，此时能够看到左上角的编号多出了一条斜线 🔟（表示该幻灯片在放映时不被显示）。

（2）单击"幻灯片放映"选项卡→"设置"组→"设置幻灯片放映"按钮，打开"设置放映方式"对话框，进行如图 6.26 所示的设置。

7．演示文稿的打包

（1）单击"文件"选项卡，在菜单中选择"保存并发送"命令，在"文件类型"栏中单击"将演示文稿打包成 CD"按钮，如图 6.27 所示，再单击"打包成 CD"按钮，打开"打包成 CD"对话框。在"将 CD 命名为"文本框中输入"我的 CD 演示文稿"，如图 6.28 所示，单击"复制到文件夹"按钮，打开"复制到文件夹"对话框。单击"浏览"按钮找到"E：\"文件夹，如图 6.29 所示，单击"确定"按钮，然后单击"关闭"按钮。

（2）运行该演示文稿的.exe 文件，检查是否正确，有问题及时解决。

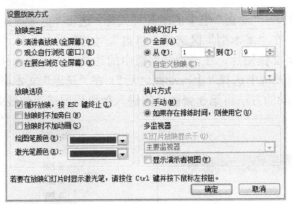

图 6.26 "设置放映方式"对话框

图 6.27 将演示文稿打包成 CD

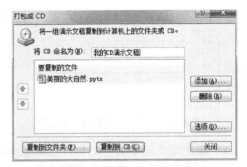

图 6.28 "打包成 CD"对话框

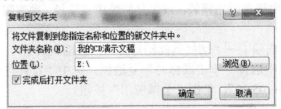

图 6.29 "复制到文件夹"对话框

拓展训练——制作论文答辩文档

论文答辩文档部分页面效果如图 6.30 所示。

图 6.30 论文答辩文档部分页面效果

1. 使用主题

（1）设置主题。将第 1 张幻灯片的主题设置为"暗香扑面"，其他幻灯片的主题设置为"图钉"。

（2）更改主题颜色。新建一个自定义的主题颜色方案。文字/背景——深色 1：红色，文字/背景——浅色 1：白色，文字/背景——深色 2：红色（R）为 50，绿色（G）为 100，蓝色（B）为 255，文字/背景——浅色 2：浅蓝；强调文字颜色 1～6 分别为"红色""橙色""黄色""绿色""深蓝""紫色"；超链接和已访问的超链接分别为"红色"和"绿色"。完成后，保存此主题颜色为"自定义主题颜色"，并将该主题应用于第 1 张幻灯片。

2. 设置并应用幻灯片母版

（1）对于第 1 张幻灯片所应用的标题母版，将其中的标题样式设为"黑体，54 号字"。

（2）对于其他幻灯片所应用的一般幻灯片母版，在日期区中插入当前日期（格式标准参照"2015/4/23"），在页脚中插入幻灯片编号（第 2 张幻灯片编号为 1，第 3 张幻灯片编号为 2，依次类推）。

3. 设置幻灯片动画效果

针对第 2 张幻灯片设置以下动画效果。

（1）将标题内容"目录"的进入效果设置成"棋盘"。

（2）将文本内容"绪论"的进入效果设置成"缩放"，并且在标题内容出现 1s 后自动开始，而不需要单击鼠标。

（3）按顺序依次将文本内容"系统设计相关原理""系统分析""系统总体设计""系统详细设计与实现""总结与展望"的进入效果设置成"曲线向上"。

（4）在页面中添加"前进"与"后退"的动作按钮，当单击动作按钮时分别跳转到当前页面的前一页与后一页，并设置这两个动作按钮的进入效果为同时"飞入"。

4. 设置幻灯片切换效果

（1）设置所有幻灯片之间的切换效果为"随机线条"。

（2）实现每隔 5s 自动切换，也可以单击鼠标进行手动切换。

5. 设置幻灯片放映效果

（1）隐藏第 3 张幻灯片，使得播放时直接跳过隐藏页。

（2）选择前两页幻灯片进行循环放映。

6. 输出演示文稿

将演示文稿打包成 CD，将 CD 命名为"我的 CD 演示文稿"，复制到 E 盘下，文件名与 CD 命名相同。

项目考核

第一题

1. 建立页面一：版式为"标题幻灯片"；标题内容为"思考与练习"并设置为"黑体、72"；副标题内容为"——小学语文"并设置为"宋体、28、倾斜"。

2. 建立页面二：版式为"只有标题"；标题内容为"1. 有感情地朗读课文"并设置为"隶书、36、分散对齐"；将标题设置"左侧飞入"动画效果并伴有"打字机"声音。

3. 建立页面三：版式为"只有标题"；标题内容为"2. 背诵你认为写得好的段落"并设

置为"隶书、36、分散对齐"；将标题设置"盒状展开"动画效果并伴有"鼓掌"声音。

4. 建立页面四：版式为"只有标题"；标题内容为"3. 把课文中的好词佳句抄写下来"并设置为"隶书、36、分散对齐"；将标题设置"从下部缓慢移入"动画效果并伴有"幻灯放映机"声音。

5. 设置应用设计模板为"平衡"。

6. 将所有幻灯片的切换方式只设置为"每隔 6 秒"换页。

第二题

1. 建立页面一：版式为"只有标题"；标题内容为"长方形和正方形的面积"并设置为"宋体、48、加下画线"。

2. 建立页面二：版式为"只有标题"；标题内容为"1. 面积和面积单位"并设置为"仿宋体、36、两端对齐"；将标题设置为"轮子"动画效果，效果为"2 轮辐效果"并伴有"激光"声音。

3. 建立页面三：版式为"只有标题"；标题内容为"2. 长方形、正方形面积的计算"并设置为"宋体、36、两端对齐"；将标题设置为"自右侧擦除"动画效果并伴有"疾驰"声音。

4. 建立页面四：版式为"只有标题"；标题内容为"3. 面积和周长的对比"并设置为"楷体、36、两端对齐"；将标题设置为"形状"动画效果，效果为"缩小"，并伴有"打字机"声音，"按字母"引入文本。

5. 将所有幻灯片（除首页外）插入幻灯片编号。

6. 选择应用设计模板中的"龙腾四海"。

7. 将第 1 张幻灯片的切换方式设置为"垂直百叶窗"效果，持续时间 2s。

反侵权盗版声明

电子工业出版社依法对本作品享有专有出版权。任何未经权利人书面许可，复制、销售或通过信息网络传播本作品的行为，歪曲、篡改、剽窃本作品的行为，均违反《中华人民共和国著作权法》，其行为人应承担相应的民事责任和行政责任，构成犯罪的，将被依法追究刑事责任。

为了维护市场秩序，保护权利人的合法权益，我社将依法查处和打击侵权盗版的单位和个人。欢迎社会各界人士积极举报侵权盗版行为，本社将奖励举报有功人员，并保证举报人的信息不被泄露。

举报电话：（010）88254396；（010）88258888

传　　真：（010）88254397

E-mail：　dbqq@phei.com.cn

通信地址：北京市海淀区万寿路 173 信箱

　　　　　电子工业出版社总编办公室

邮　　编：100036